# SIMPLY

# NATUR-WISSENSCHAFT

DK

DK Penguin Random House

**DK London**
Für DK produziert von cobalt id
www.cobaltid.co.uk

**Lektorat**
Liz Gough, Liz Wheeler, Marek Walisiewicz, Peter Frances, Angeles Gavira Guerrero

**Gestaltung und Bildredaktion**
Maxine Pedliham, Paul Reid, Phil Ormerod, Michael Duffy, Jessica Tapolcai, Clare Joyce, Phil Gamble, Mik Gates

**Umschlaggestaltung**
Juhi Sheth, Sophia M.T.T

**Herstellung**
Andy Hilliard, Meskerem Berhane

Für die deutsche Ausgabe:
**Projektbetreuung** Carola Wiese
**Herstellungskoordination** Bianca Isack
**Herstellung** Stefanie Staat

Titel der englischen Originalausgabe:
Simply. Science



**Übersetzung** Dr. Stephan Matthiesen
**Lektorat** Birgit Reit

ISBN 978-3-8310-5052-9
5902-336903-23409-02

**Druck und Bindung** TBB, a.s., Slowakei

**www.dk-verlag.de**

Ein Hinweis zu geschlechtlichen Identitäten
DK erkennt alle geschlechtlichen Identitäten an. Nach Möglichkeit wird im Buch eine gendergerechte Sprache berücksichtigt, sofern dies inhaltlich sinnvoll ist bzw. den historischen Fakten entspricht; stellenweise wird aus Platzgründen oder Gründen der besseren Lesbarkeit jedoch das generische Maskulinum verwendet.

# INHALT

## CHEMIE

# PHYSIK

# BIOLOGIE

# ERDE



# ASTRONOMIE



**BERATER**

**Andy Extance** ist Wissenschaftsautor. Er schreibt über alles, was mit Chemie zu tun hat, von der Umwelt der Erde bis zum Weltraum, von Lebensmitteln bis zur Kernfusion und von Solarzellen bis zum Geruchssinn.

**Jo Locke** ist eine erfahrene Bildungsberaterin und Autorin. Sie ist bekannt für ihre Beiträge zur naturwissenschaftlichen Bildung, insbesondere für die Entwicklung von ansprechenden und effektiven Lernressourcen für Lernende und Lehrende weltweit.

**Dr. Douglas Palmer** ist ein geowissenschaftlicher Autor und hat über 20 Bücher veröffentlicht. Er hat am Trinity College der Universität Dublin Paläontologie studiert.

**Giles Sparrow** ist ein Autor und Journalist, der sich auf Astronomie und Weltraumforschung spezialisiert hat. Er hat Dutzende von Büchern geschrieben und ist Fellow der Royal Astronomical Society.

**MITWIRKENDE**

**Jack Challoner** ist der Autor von über 50 Büchern über Wissenschaft und Technik. Bevor er Autor wurde, arbeitete er im Londoner Science Museum. Er hat Physik studiert und wurde als Lehrer für Naturwissenschaften und Mathematik ausgebildet.

**Marek Walisiewicz** studierte Biowissenschaften an der Universität Oxford und Naturschutz am UCL. Er ist Autor bzw. Herausgeber mehrerer Bücher über Wissenschaft, Technik und Naturgeschichte.

CHEMI

# E

**Die Chemie ist eine Wissenschaft,** die aus der Nützlichkeit entstanden ist. Unsere Vorfahren wollten Materie umwandeln, um ihr Leben zu verbessern. Die ersten Chemiker waren also wohl frühe Völker, die Ton brannten, Farbstoffe gewannen und Metalle verhütteten. Die erste systematische Chemie mit Konzepten wie Stoffklassifikationen und Reaktionsgleichungen war das Werk arabischer Alchemisten und Gelehrter. Heute erforscht man Stoffe und ihre Reaktionen nicht nur, um die Welt der Materie zu verstehen, sondern man will sie auch auf molekularer Ebene verändern. Dabei trägt die Physik dazu bei, die Eigenschaften der Materie auf atomarer und subatomarer Ebene zu erklären.

# DIE BAUSTEINE DER MATERIE

Materie ist alles, was Masse und Volumen hat, also Raum einnimmt. Sie besteht letztlich aus Quarks und Leptonen (siehe S. 74–75), die man als Elementarteilchen bezeichnet, weil sie nicht in kleinere Einheiten zerlegbar sind. Diese Teilchen verbinden sich zu Protonen, Neutronen und Elektronen, den Bestandteilen der Atome. Chemie ist die Lehre von der Materie und ihren Wechselwirkungen auf atomarer Ebene und beschreibt, wie sich Atome zu Molekülen und anderen Verbindungen verbinden. Atome sind auch die Grundlage der Elemente, also der Stoffe, die aus nur einer Atomsorte bestehen (siehe S. 12).

**Aufbau eines Atoms**
Mit einer Größe im Bereich von einem zehnmilliardstel Meter sind Atome zu klein, um sichtbar zu sein. Da viele ihre Eigenschaften unanschaulich sind, haben Wissenschaftler »Modelle« für ihren Aufbau entwickelt, um sie zu erklären. Das grundlegende Modell ist das eines Atomkerns mit Protonen und Neutronen, um den eine »Wolke« aus leichteren Elektronen liegt.

Protonen sind positiv geladen.

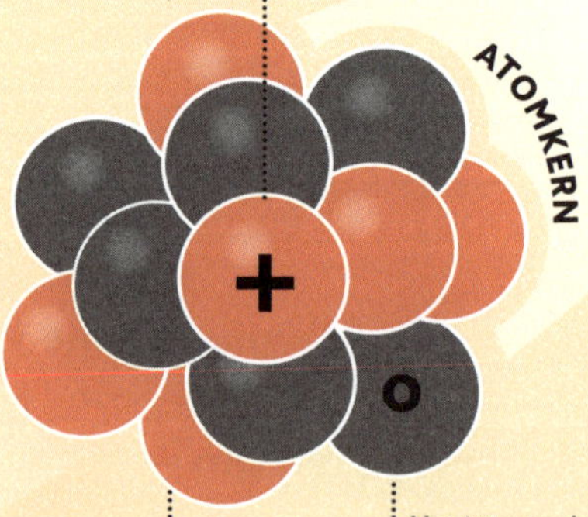


Neutronen sind elektrisch neutral (ungeladen).

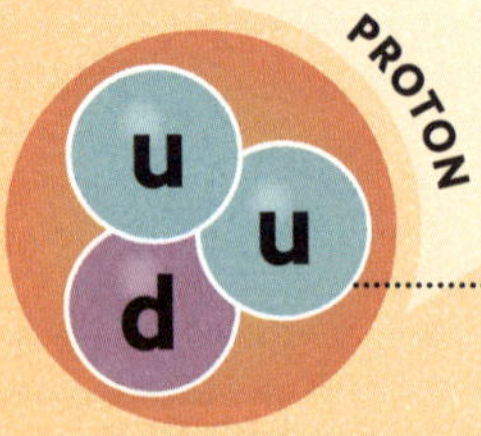


**QUARKS**
Eine Kombination aus verschiedenen Quarks bildet ein Proton oder Neutron.

**ATOMKERN**
Der Atomkern enthält Protonen und Neutronen. Die Anzahl der Protonen bestimmt die Identität des Elements. Dies hier ist ein Kohlenstoffatom, weil es sechs Protonen hat.

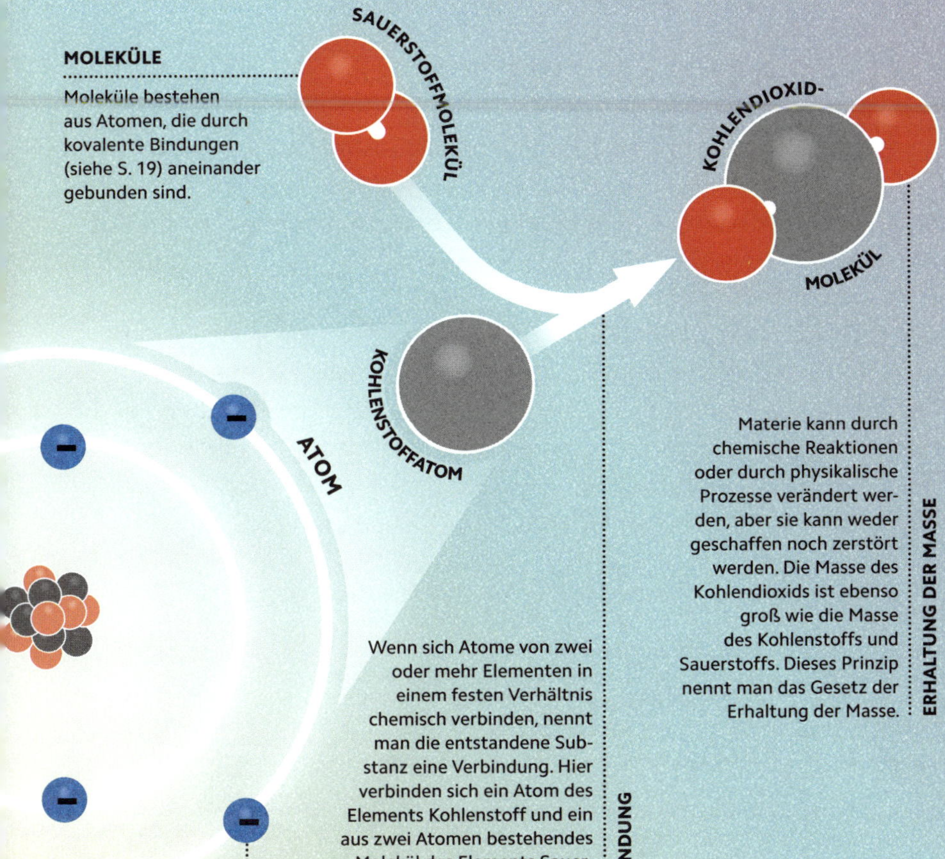


**MOLEKÜLE**

Moleküle bestehen aus Atomen, die durch kovalente Bindungen (siehe S. 19) aneinander gebunden sind.

**ERHALTUNG DER MASSE**

Materie kann durch chemische Reaktionen oder durch physikalische Prozesse verändert werden, aber sie kann weder geschaffen noch zerstört werden. Die Masse des Kohlendioxids ist ebenso groß wie die Masse des Kohlenstoffs und Sauerstoffs. Dieses Prinzip nennt man das Gesetz der Erhaltung der Masse.

**VERBINDUNG**

Wenn sich Atome von zwei oder mehr Elementen in einem festen Verhältnis chemisch verbinden, nennt man die entstandene Substanz eine Verbindung. Hier verbinden sich ein Atom des Elements Kohlenstoff und ein aus zwei Atomen bestehendes Molekül des Elements Sauerstoff zu einem Molekül Kohlendioxid, einer Verbindung.

**ELEKTRON**

Ein Elektron ist ein Typ von Lepton (siehe S. 74), das eine negative Ladung trägt.

> »... eine neue Schöpfung oder Zerstörung der Materie [liegt] außerhalb der Grenze chemischer Wirksamkeit.«
>
> John Dalton

**FESTSTOFF** Die Teilchen sind an ihre Nachbarn gebunden. Sie schwingen, können sich aber nicht frei bewegen. Festkörper lassen sich kaum komprimieren, haben also ein festes Volumen, doch ihre Form kann durch Kräfte verändert werden.

**GAS** Die Kräfte zwischen den Teilchen sind schwach, sodass sie sich leicht bewegen und ein Behältnis ganz ausfüllen. Das Volumen wird durch Druck oder Hitze verändert (siehe S. 56).

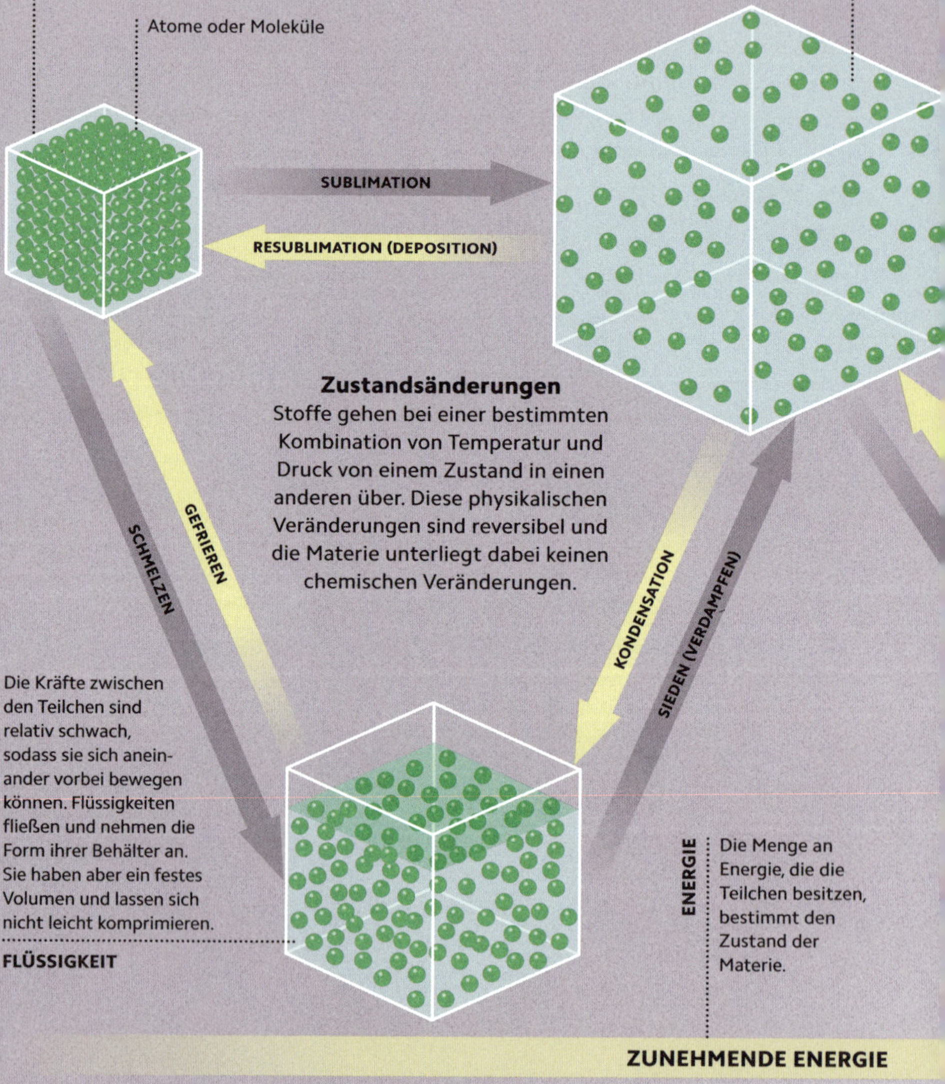


**Zustandsänderungen**
Stoffe gehen bei einer bestimmten Kombination von Temperatur und Druck von einem Zustand in einen anderen über. Diese physikalischen Veränderungen sind reversibel und die Materie unterliegt dabei keinen chemischen Veränderungen.

Die Kräfte zwischen den Teilchen sind relativ schwach, sodass sie sich aneinander vorbei bewegen können. Flüssigkeiten fließen und nehmen die Form ihrer Behälter an. Sie haben aber ein festes Volumen und lassen sich nicht leicht komprimieren.
**FLÜSSIGKEIT**

**ENERGIE** Die Menge an Energie, die die Teilchen besitzen, bestimmt den Zustand der Materie.

# TEILCHENBEWEGUNGEN, ZUSTANDSÄNDERUNGEN

Materie erscheint uns zwar statisch, aber die Teilchen sind ständig in Bewegung. Ihre kinetische Energie oder Bewegungsenergie bestimmt zusammen mit der Stärke der Bindungen zwischen den Teilchen den Zustand des Systems: ob es fest, flüssig, gasförmig oder ein Plasma ist. Führt man den Teilchen Wärmeenergie zu, bewegen sie sich schneller – manchmal schnell genug, um die Bindungen zu überwinden. Wenn man einen Festkörper erhitzt, wird er daher irgendwann schmelzen, und eine Flüssigkeit wird zum Gas. Führt man einem Gas Energie zu, können die Elektronen aus den Atomen oder Molekülen herausgelöst werden, wodurch ein Plasma entsteht – ein vierter Aggregatzustand, der in Flammen, Blitzen, Polarlichtern und Sternen vorkommt.

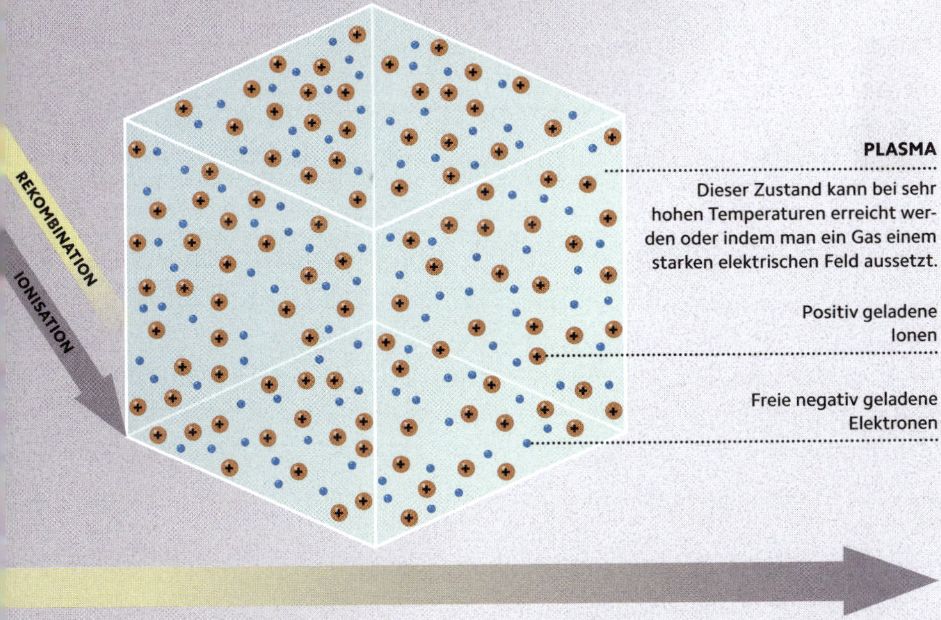

# KENNZAHLEN FÜR ATOME

Ein Element ist ein Stoff, der nur aus einer einzigen Art von Atom besteht. Es kann nicht chemisch in eine einfachere Substanz umgewandelt werden. Die Atome jedes Elements haben eine charakteristische Anzahl von Protonen im Kern, und verschiedene Elemente unterscheiden sich durch die Protonenzahl. So hat ein Wasserstoffatom nur ein Proton im Kern, Kohlenstoff hat sechs und Kupfer 29. Ein neutrales Atom hat genauso viele Elektronen in der Schale wie Protonen im Kern, und diese Anzahl bestimmt die Art der chemischen Bindungen, die das Element eingeht. Der Kern enthält auch Neutronen, die zur Masse beitragen, aber nicht zu den chemischen Eigenschaften des Atoms.

**ORDNUNGSZAHL**

Die Anzahl der Protonen im Kern

**CHEMISCHES SYMBOL**

Die Kurzbezeichnung für das Element Lithium

**ATOMMASSE**

Die Masse eines Atoms. Die Massenzahl eines Elements ist oft keine ganze Zahl. Das liegt daran, dass Elemente in mehreren Formen vorkommen können, die unterschiedlich viele Neutronen haben. Man nennt sie Isotope (siehe rechts). Die Atommasse von Lithium ist ein gewichteter Durchschnitt der Massen der beiden Isotope.

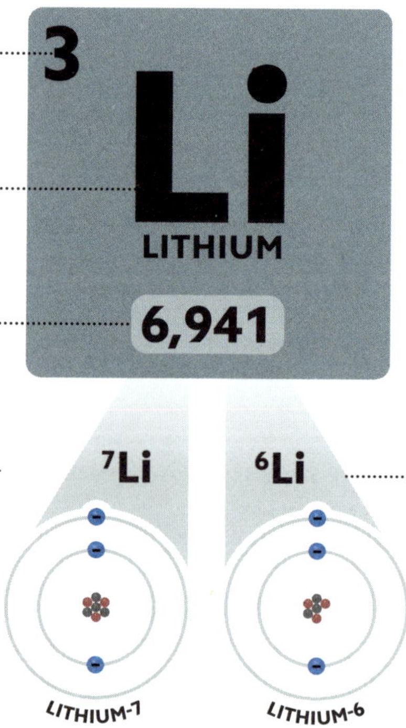


**Abkürzung**

Man bezeichnet die Elemente mit einem Symbol aus einem oder zwei Buchstaben. Jedes Element wird durch die Ordnungszahl, die die Anzahl der Protonen im Kern angibt, und die Atommasse, die die Masse aller Teilchen des Atoms angibt, charakterisiert.

**ISOTOPE**

Die meisten Lithiumatome haben drei Protonen und vier Neutronen (Lithium-7), aber etwa fünf Prozent haben drei Protonen und drei Neutronen (Lithium-6).

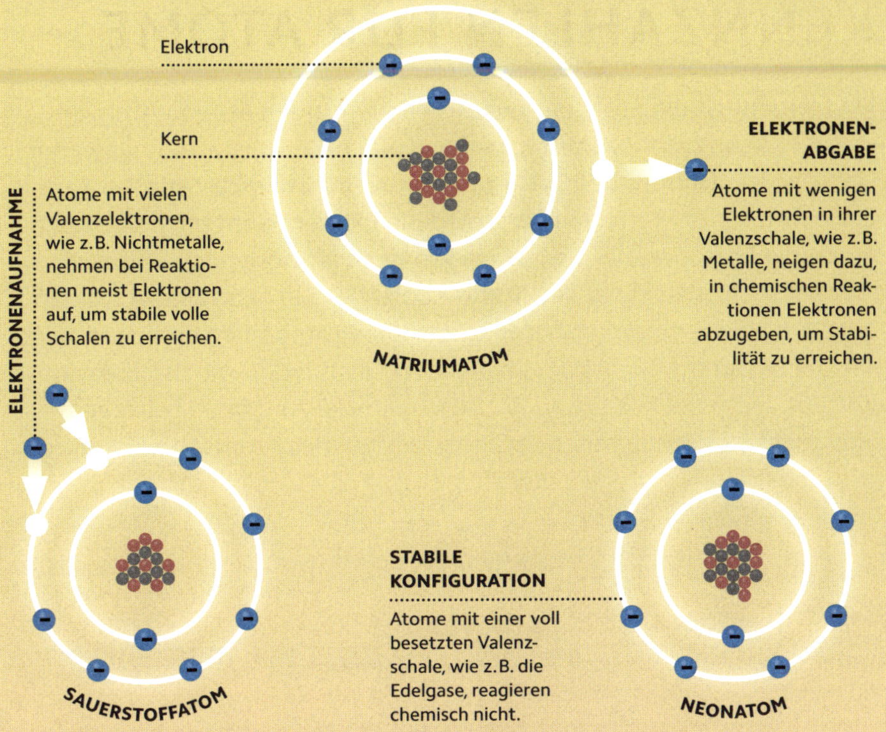


# ELEKTRONENSCHALEN

Die Elektronen, die eine »Wolke« um den Kern bilden, kann man als in konzentrischen Schalen organisiert denken. Die erste Schale kann nur zwei Elektronen aufnehmen, die nächste bis zu acht und die dritte 18. Die Schalen entsprechen Energieniveaus: Elektronen haben in der kernnahen Schale die geringste Energie, in der äußersten (Valenz-)Schale die höchste. Atome sind am stabilsten und damit am wenigsten reaktiv, wenn ihre Valenzschale voll ist. Um eine volle Valenzschale zu erreichen, können Atome bei chemischen Reaktionen Elektronen abgeben oder aufnehmen. Die Zahl der Valenzelektronen bestimmt, welche Bindungen das Atom eingeht, und damit seine chemischen Eigenschaften.

**LEGENDE**

- **Wasserstoff** – ein farbloses Gas

**REAKTIVE METALLE**

- **Alkalimetalle** – weiche, reaktive Metalle
- **Erdalkalimetalle** – mäßig reaktive Metalle

**ÜBERGANGSELEMENTE**

- **Übergangsmetalle** – eine vielfältige Gruppe, oft mit wertvollen Eigenschaften

**ÜBERWIEGEND NICHTMETALLE**

- **Metalloide** – besitzen Eigenschaften zwischen denen von Metallen und Nichtmetallen
- **Andere Metalle** – überwiegend relativ weiche Metalle mit niedrigem Schmelzpunkt
- **Kohlenstoff** und andere Nichtmetalle
- **Halogene** – sehr reaktive Nichtmetalle
- **Edelgase** – farblose, unreaktive Gase

**SELTENERDMETALLE (SELTENE ERDEN)**

- Diese reaktiven Metalle heißen auch Lanthanoide und Actinoide. Einige sind selten oder synthetisch.

Ordnungszahl

Atommasse

**PERIODEN**

Jede Zeile der Tabelle wird als Periode bezeichnet. Die Elemente sind innerhalb einer Periode von links nach rechts nach ihrer Ordnungszahl geordnet. Die Anzahl der Elektronen in der äußersten Schale der Atome nimmt von links nach rechts zu. Alle Elemente in einer Periode haben die gleiche Anzahl von Elektronenschalen.

**GRUPPEN**

Jede Spalte der Tabelle wird als Gruppe bezeichnet. Von oben nach unten nimmt die Ordnungszahl der Elemente zu. Die Atome aller Elemente in einer Gruppe haben die gleiche Anzahl von Elektronen in ihrer äußersten Schale (siehe S. 13) und haben daher ähnliche chemische Eigenschaften.

| | 1 | 2 | 3 | 4 | 5 | 6 | 7 |
|---|---|---|---|---|---|---|---|
| 1 | 1 H WASSERSTOFF 1,008 | | | | | | |
| 2 | 3 Li LITHIUM 6,941 | 4 Be BERYLLIUM 9,0122 | | | | | |
| 3 | 11 Na NATRIUM 22,990 | 12 Mg MAGNESIUM 24,305 | | | | | |
| 4 | 19 K KALIUM 39,098 | 20 Ca KALZIUM 40,078 | 21 Sc SCANDIUM 44,956 | 22 Ti TITAN 47,867 | 23 V VANADIUM 50,942 | 24 Cr CHROM 51,996 | 25 Mn MANGAN 54,938 |
| 5 | 37 Rb RUBIDIUM 85,468 | 38 Sr STRONTIUM 87,62 | 39 Y YTTRIUM 88,906 | 40 Zr ZIRCONIUM 91,224 | 41 Nb NIOB 92,906 | 42 Mo MOLYBDÄN 95,96 | 43 Tc TECHNETIUM (98) |
| 6 | 55 Cs CÄSIUM 132,91 | 56 Ba BARIUM 137,33 | 57–71 | 72 Hf HAFNIUM 178,49 | 73 Ta TANTAL 180,95 | 74 W WOLFRAM 183,84 | 75 Re RHENIUM 186,21 |
| 7 | 87 Fr FRANCIUM (223) | 88 Ra RADIUM (226) | 89–103 | 104 Rf RUTHERFORDIUM (267) | 105 Db DUBNIUM (268) | 106 Sg SEABORGIUM (269) | 107 Bh BOHRIUM (270) |

| | | | |
|---|---|---|---|
| 57 La LANTHAN 138,91 | 58 Ce CER 140,12 | 59 Pr PRASEODYM 140,91 | 60 Nd NEODYM 144,24 |
| 89 Ac ACTINIUM (227) | 90 Th THORIUM 232,04 | 91 Pa PROTACTINIUM 231,04 | 92 U URAN 238,03 |

Diese metallischen Elemente, darunter einige radioaktive und synthetische, führt man meist separat am unteren Ende des Periodensystems auf, da sie an ihrem richtigen Platz die Breite der Tabelle enorm vergrößern würden.

**LANTHANOIDE UND ACTINOIDE**

# SYSTEMATIK DER ELEMENTE

Chemiker erkannten im 19. Jahrhundert, dass verschiedene Elemente oft ähnliche Eigenschaften haben: So sind einige metallisch oder nichtmetallisch, reaktiv oder weniger reaktiv und viele bilden ähnliche Verbindungen. Nach diesen Merkmalen teilt man die Elemente in Gruppen ein. Sortiert man sie zudem nach der Ordnungszahl, wiederholen sich ähnliche Eigenschaften in bestimmten Abständen – sie sind periodisch ähnlich wie musikalische Noten in aufeinanderfolgenden Oktaven. Um etwa 1870 stellte der russische Chemiker Dmitri Mendelejew ein von ihm entwickeltes Periodensystem der Elemente vor.

| 8 | 9 | 10 | 11 | 12 | 13 | 14 | 15 | 16 | 17 | 18 |
|---|---|---|---|---|---|---|---|---|---|---|
| | | | | | | | | | | 2 He HELIUM 4,003 |
| | | | | | 5 B BOR 10,81 | 6 C KOHLENSTOFF 12,011 | 7 N STICKSTOFF 14,007 | 8 O SAUERSTOFF 15,999 | 9 F FLUOR 18,998 | 10 Ne NEON 20,180 |
| | | | | | 13 Al ALUMINIUM 26,982 | 14 Si SILIZIUM 28,085 | 15 P PHOSPHOR 30,974 | 16 S SCHWEFEL 32,06 | 17 Cl CHLOR 35,45 | 18 Ar ARGON 39,948 |
| 26 Fe EISEN 55,845 | 27 Co KOBALT 58,933 | 28 Ni NICKEL 58,693 | 29 Cu KUPFER 63,546 | 30 Zn ZINK 65,38 | 31 Ga GALLIUM 69,723 | 32 Ge GERMANIUM 72,63 | 33 As ARSEN 74,922 | 34 Se SELEN 78,971 | 35 Br BROM 79,904 | 36 Kr KRYPTON 83,798 |
| 44 Ru RUTHENIUM 101,07 | 45 Rh RHODIUM 102,91 | 46 Pd PALLADIUM 106,42 | 47 Ag SILBER 107,87 | 48 Cd KADMIUM 112,41 | 49 In INDIUM 114,82 | 50 Sn ZINN 118,71 | 51 Sb ANTIMON 121,76 | 52 Te TELLUR 127,60 | 53 I JOD 126,90 | 54 Xe XENON 131,29 |
| 76 Os OSMIUM 190,23 | 77 Ir IRIDIUM 192,22 | 78 Pt PLATIN 195,08 | 79 Au GOLD 196,97 | 80 Hg QUECKSILBER 200,59 | 81 Tl THALLIUM 204,38 | 82 Pb BLEI 207,20 | 83 Bi BISMUT 208,98 | 84 Po POLONIUM (209) | 85 At ASTATIN (210) | 86 Rn RADON (222) |
| 108 Hs HASSIUM (277) | 109 Mt MEITNERIUM (278) | 110 Ds DARMSTADTIUM (281) | 111 Rg RÖNTGENIUM (282) | 112 Cn COPERNICIUM (285) | 113 Nh NIHONIUM (286) | 114 Fl FLEROVIUM (289) | 115 Mc MOSCOVIUM (289) | 116 Lv LIVERMORIUM (293) | 117 Ts TENNESS (294) | 118 Og OGANESSON (294) |
| 61 Pm PROMETHIUM (145) | 62 Sm SAMARIUM 150,36 | 63 Eu EUROPIUM 151,96 | 64 Gd GADOLINIUM 157,25 | 65 Tb TERBIUM 158,93 | 66 Dy DYSPROSIUM 162,50 | 67 Ho HOLMIUM 164,93 | 68 Er ERBIUM 167,26 | 69 Tm THULIUM 168,93 | 70 Yb YTTERBIUM 173,05 | 71 Lu LUTETIUM 174,97 |
| 93 Np NEPTUNIUM (237) | 94 Pu PLUTONIUM (244) | 95 Am AMERICIUM (243) | 96 Cm CURIUM (247) | 97 Bk BERKELIUM (247) | 98 Cf CALIFORNIUM (251) | 99 Es EINSTEINIUM (252) | 100 Fm FERMIUM (257) | 101 Md MENDELEVIUM (258) | 102 No NOBELIUM (259) | 103 Lr LAWRENCIUM (262) |

# BAUSTEINE DER NATUR

**Elemente der Erde und des Universums**
Einige Elemente sind auf der Erde viel häufiger als im Universum insgesamt. Die meisten Elemente, die schwerer sind als Helium, sind in Sternen oder durch Sternexplosionen entstanden.

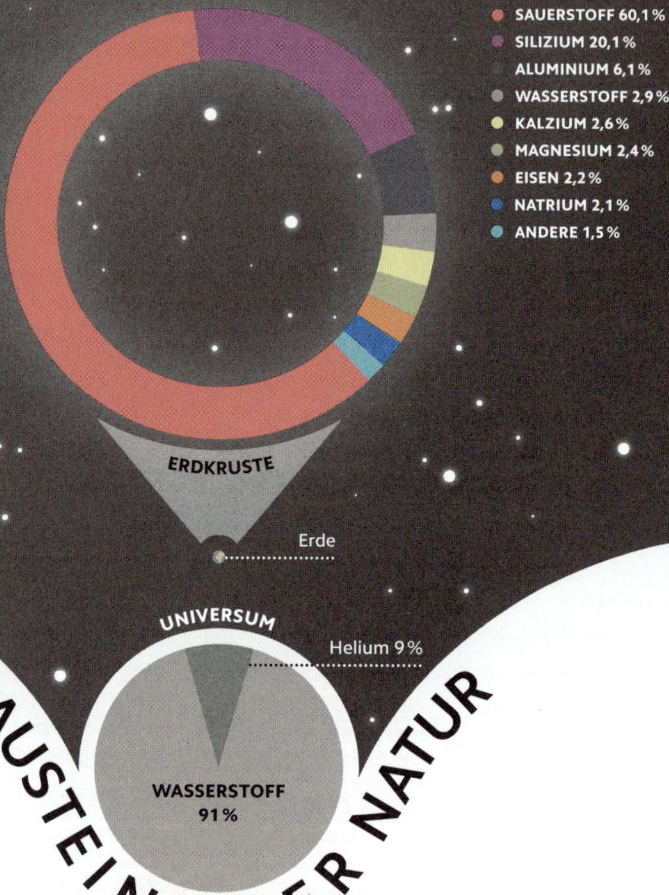


Wir kennen heute 118 Elemente, von denen 94 natürlich vorkommen und 24 künstlich sind, d.h., sie existieren für sehr kurze Zeit durch die Manipulation von Kernen. Einige wenige Elemente wie Gold und Silber kommen in der Natur in ihrer reinen, »gediegenen« Form vor, doch die meisten bilden chemische Verbindungen mit anderen Elementen. Alle natürlichen Elemente entstanden im Weltall: einige bei der Geburt des Universums, andere im Lebenszyklus oder in der Explosion von Sternen.

# ELEMENTARER UNTERSCHIED

Etwa drei Viertel der bekannten Elemente sind Metalle, die links und in der Mitte des Periodensystems stehen (siehe S. 14–15). Ihre Atome haben 1–3 Elektronen in der äußersten Schale und neigen dazu, Verbindungen zu bilden, indem sie diese »Valenzelektronen« verlieren (siehe S. 18). Die Nichtmetalle, die rechts im Periodensystem stehen, haben 4–7 Elektronen in ihrer äußersten Schale und gehen Verbindungen ein, indem sie Elektronen in diese äußerste Schale aufnehmen, sodass sie voll besetzt ist (siehe S. 19). Zu den Nichtmetallen gehören auch die Edelgase wie Helium, Neon und Argon, die sehr reaktionsträge sind, weil ihre äußerste Schale bereits voll mit Elektronen besetzt ist.

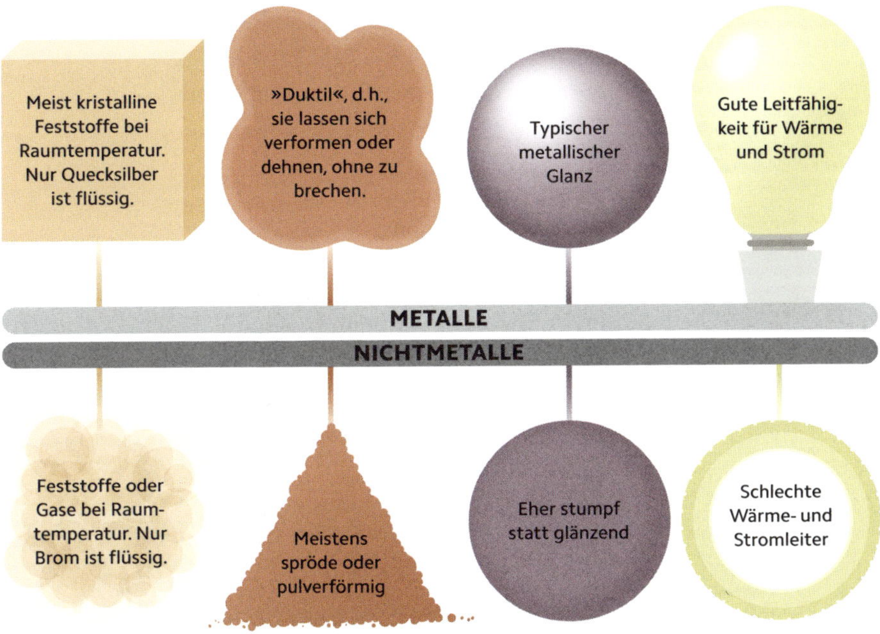

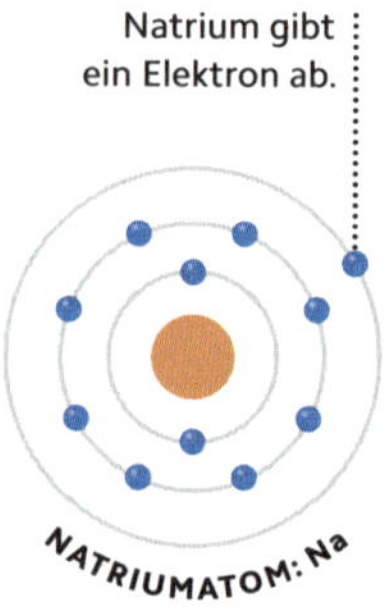


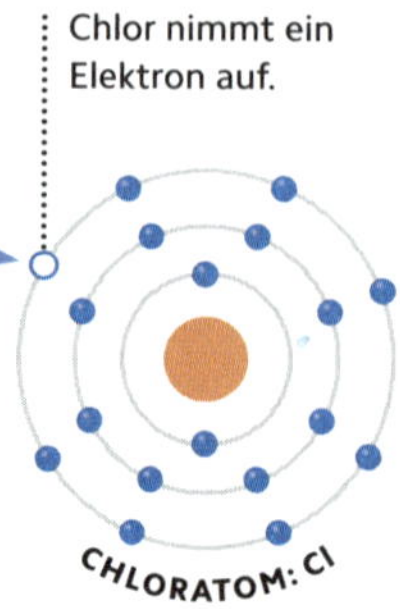


# ANZIEHENDE LADUNGEN

Atome gehen Bindungen mit anderen Atomen ein. Die Art der Bindung hängt von den beteiligten Atomen ab und bestimmt die Eigenschaften der entstehenden Verbindung. Metallatome haben nur wenige Elektronen in der Valenzschale (siehe S. 13), bei Nichtmetallatomen ist die Valenzschale dagegen fast voll besetzt. Bei einer Bindungsart, der Ionenbindung, geben Metallatome Valenzelektronen an Nichtmetallatome ab. Beide werden zu Ionen, d.h. zu geladenen Atomen, und die Bindung beruht auf elektrostatischer Anziehung.

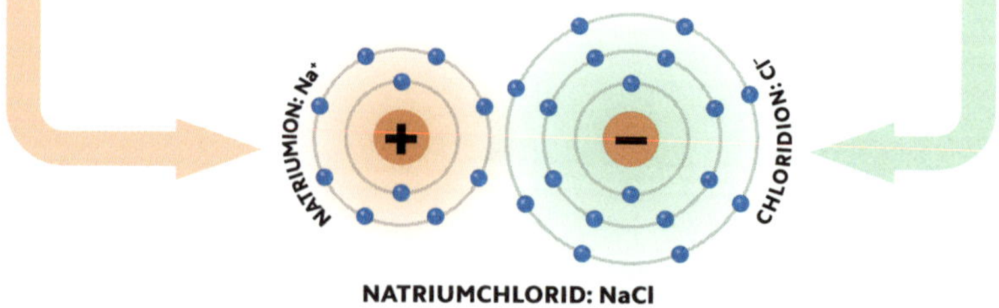


**Bildung einer Ionenbindung**

Ein Natriumatom gibt leicht sein einziges Valenzelektron ab, und Chlor nimmt es leicht auf. So entstehen zwei gegensätzlich geladene Ionen, die durch starke Kräfte zusammengehalten werden. Die meisten Ionenverbindungen sind bei Raumtemperatur kristalline Feststoffe und haben hohe Schmelz- und Siedepunkte.

**Bildung einer kovalenten Bindung**

Ammoniak ist eine kovalente Verbindung, zu der drei Wasserstoffatome ihr jeweils einzelnes Elektron und ein Stickstoffatom drei Valenzelektronen beitragen. Die Bindungen innerhalb kovalenter Moleküle sind stark, aber die Anziehungskraft zwischen den Molekülen ist schwach, sodass diese Verbindungen niedrige Schmelz- und Siedepunkte haben. Einige sind bei Raumtemperatur gasförmig.

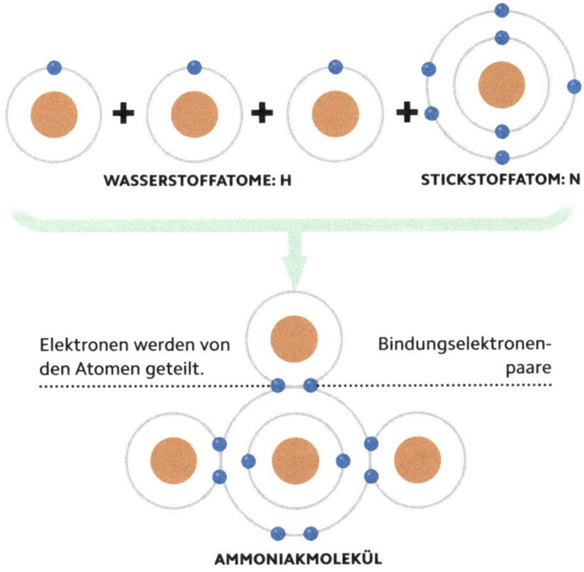


# GEMEINSAME ELEKTRONEN

Während bei Ionenbindungen Elektronen zwischen den Atomen übertragen werden, gibt es bei Nichtmetallen eine andere Bindungsart, die kovalente Bindung. Sie beruht auf der gemeinsamen Nutzung von Elektronen. Kovalente Bindungen treten zwischen Atomen des gleichen Elements oder zwischen Atomen verschiedener Elemente auf.

# MEER AUS ELEKTRONEN

Die Atome, aus denen Metalle bestehen, werden durch metallische Bindungen zusammengehalten. Wie bei den Ionenbindungen (siehe S. 18) sorgen elektrostatische Kräfte dafür, dass die Atome in einer regelmäßigen dreidimensionalen Anordnung, dem Kristall, dicht beieinander liegen. Eisen und Aluminium bilden zum Beispiel kubische Kristalle. Metallatome haben nur wenige Elektronen in ihrer Valenzschale (siehe S. 13) und diese Elektronen sind nur schwach an den Kern gebunden. Sie neigen dazu, sich vom Atom zu lösen, und bilden ein »Meer« aus negativer Ladung, das die Restatome, die positiv geladenen Metallionen, zusammenhält.

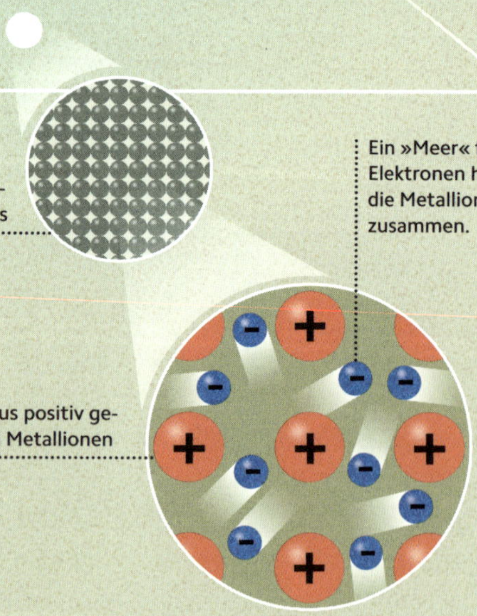


**Gemeinsam stark**
Die elektrostatischen Kräfte zwischen den Ionen und den freien Elektronen sind stark, sodass Metalle sehr fest und stark sind. Die Elektronen im »Meer« bewegen sich leicht durch den Festkörper und transportieren dabei Wärmeenergie oder elektrische Ströme.

**VIER BINDUNGEN**

Kohlenstoff hat vier Valenzelektronen und kann daher vier kovalente Bindungen eingehen. Das bedeutet auch, dass er sich mit anderen Kohlenstoffatomen zu langkettigen Polymeren und Biomolekülen (siehe S. 100–101) verbinden kann. Hier bilden Kohlenstoffatome das Rückgrat der Aminosäure Glycin.

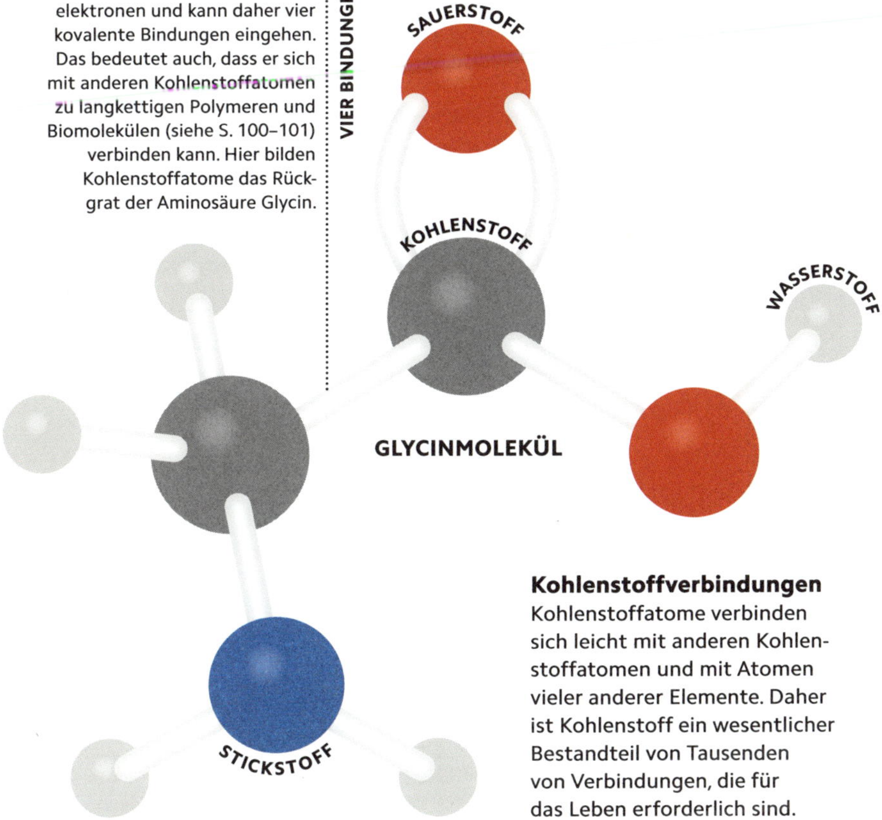


**Kohlenstoffverbindungen**
Kohlenstoffatome verbinden sich leicht mit anderen Kohlenstoffatomen und mit Atomen vieler anderer Elemente. Daher ist Kohlenstoff ein wesentlicher Bestandteil von Tausenden von Verbindungen, die für das Leben erforderlich sind.

# DIE CHEMIE DES LEBENS

Alle Lebewesen hängen von der Chemie einer Handvoll Elemente ab – vor allem von Kohlenstoff und Wasserstoff, aber auch Sauerstoff, Stickstoff, Schwefel und Phosphor. Da Kohlenstoff für das Leben so zentral ist, nennt man den Zweig der Chemie, der seine Verbindungen erforscht, organische Chemie, obwohl nicht alle Kohlenstoffverbindungen natürlich sind.

# MISCH-MASCH

In einer Verbindung sind die Atome durch chemische Bindungen verbunden, die ionisch, kovalent oder metallisch sein können (siehe S. 18–20). Dagegen sind die Bestandteile eines Gemischs nicht chemisch aneinander gebunden und lassen sich durch rein physikalische Prozesse wieder trennen. Es gibt feste, flüssige und gasförmige Gemische. Sie übernehmen die Eigenschaften ihrer Bestandteile, während Verbindungen ganz neue chemische und physikalische Merkmale haben, die sich von denen der Ausgangsstoffe unterscheiden.

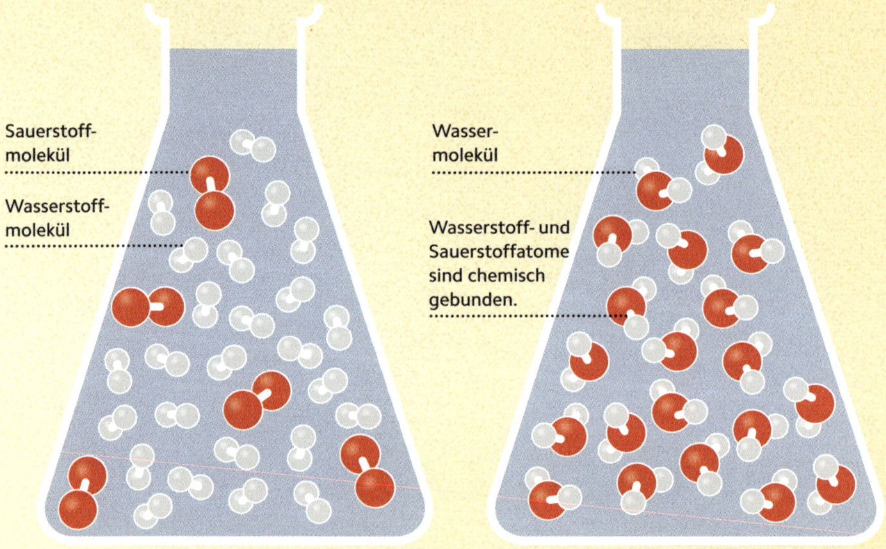


**Gemisch**
In einem Gemisch stehen die Bestandteile in einem beliebigen Verhältnis. Hier kommen auf jedes Sauerstoffmolekül fünf Wasserstoffmoleküle, aber es könnten auch viel mehr oder viel weniger sein.

**Verbindung**
Die Atome, aus denen eine Verbindung besteht, sind immer in genau demselben Verhältnis vorhanden. So enthält z. B. jede Probe von Wasser ($H_2O$) genau doppelt so viele Wasserstoffatome wie Sauerstoffatome.

**KLEINE NEGATIVE LADUNG**

Das Sauerstoffatom in einem Wassermolekül ist elektronegativ: Es zieht die Elektronen im Molekül relativ stark an. Das Sauerstoffatom trägt daher eine leicht negative Ladung.

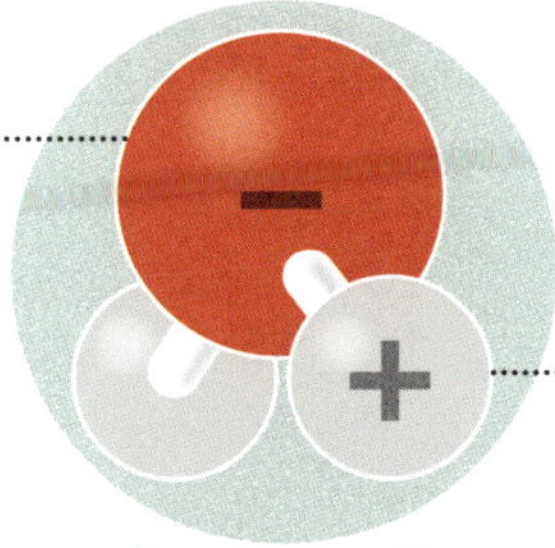


**KLEINE POSITIVE LADUNG**

Die Wasserstoffatome behalten eine leicht positive Ladung.

**»Universelles« Lösungsmittel**

Wasser ist ein ausgezeichnetes Lösungsmittel, das viele Stoffe lösen kann, darunter auch ionische Verbindungen wie Kochsalz (Natriumchlorid). Dies ist möglich, weil die Ladung in Wassermolekülen leicht asymmetrisch ist.

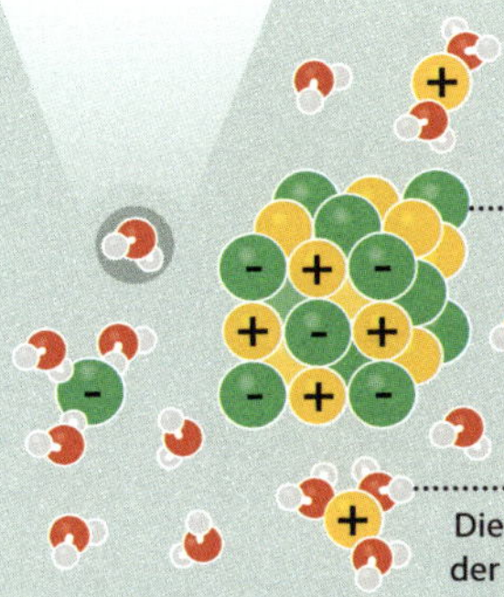

Die meisten ionischen Verbindungen wie Salz lösen sich gut in Wasser.

**LÖSUNG DES SALZKRISTALLS**

**WASSERMOLEKÜL**

Die leicht negative Ladung der Sauerstoffatome stabilisiert die positiven Ionen und die leicht positive Ladung der Wasserstoffatome stabilisiert die negativen Ionen.

# VÖLLIG AUFGELÖST

Lösungen sind enge Gemische, in denen die Teilchen eines Stoffs (Lösungsmittel oder Solvent) die Teilchen eines anderen (Solvat) umgeben. Sowohl Gase als auch Feststoffe bilden Lösungen: Luft ist eine gasförmige Lösung (siehe S. 25) und Metalllegierungen sind feste Lösungen. Doch am häufigsten sind flüssige Lösungen, etwa das Salzwasser der Meere. Lösungen entstehen, wenn sich Teilchen des Solvats und des Lösungsmittels ebenso stark oder stärker anziehen als die Solvatteilchen untereinander.

# WASSERWELT

Wasser ist das am häufigsten vorkommende Molekül auf der Erde. Es macht mehr als 60 Prozent unseres Körpers aus und ist eine der wenigen Verbindungen, die an der Erdoberfläche fest, flüssig und gasförmig vorkommen. Das Molekül hat mehrere Eigenschaften, darunter die Fähigkeit, eine Vielzahl von Stoffen zu lösen (siehe S. 23), die das Leben auf der Erde ermöglichen.

## DICHTE

Die meisten Stoffe werden dichter, wenn sie gefrieren, also vom flüssigen in den festen Zustand übergehen. Wasser wird dabei jedoch weniger dicht. Das bedeutet, dass sich in Gewässern das Eis nicht in der Tiefe, sondern an der Oberfläche bildet, sodass die Lebewesen darunter nicht gefrieren müssen.

## WÄRMEKAPAZITÄT

Wasser hat eine hohe spezifische Wärmekapazität, sodass vergleichsweise viel Energie nötig ist, um seine Temperatur zu erhöhen. Das macht Wasser zu einer stabilen Umgebung für Lebewesen, in der die Temperaturschwankungen meist relativ gering sind.

## POLARITÄT

Wassermoleküle haben »Pole«, weil ihre Ladungen ungleich verteilt sind (siehe S. 23). Das macht sie zu guten Lösungsmitteln und bedeutet auch, dass Wassermoleküle fest zusammenhängen: Sie ziehen einander an. Aus diesem Grund hat Wasser einen relativ hohen Siede- und Schmelzpunkt.

## ADHÄSION

Die Tendenz der Wassermoleküle, aneinander und an anderen Molekülen »festzuhängen«, ist für das Leben unerlässlich. Bäume sind ein gutes Beispiel. Das Wasser für die Blätter hoher Bäume steigt durch Kapillarwirkung auf: Es »hängt fest« an den Wänden der dünnen Leitgefäße im Baumstamm.

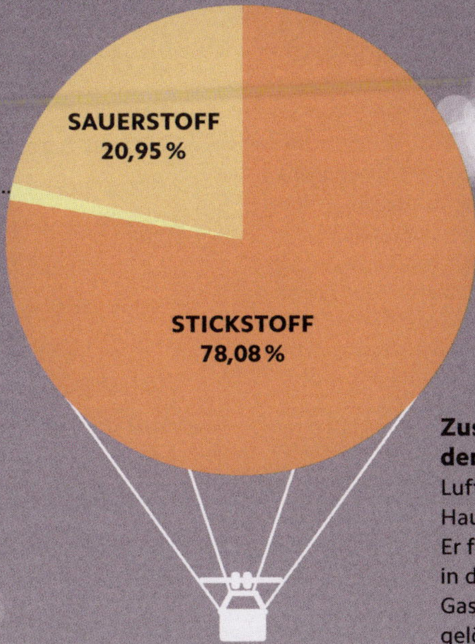


**ANDERE GASE**

Zu ihnen gehören Kohlendioxid (0,038 Prozent) sowie Spuren von anderen Gasen wie Helium, Neon, Wasserstoff und Krypton.

**Zusammensetzung der Luft**

Luft ist eine Lösung mit dem Hauptbestandteil Stickstoff. Er fungiert als Lösungsmittel, in dem Sauerstoff und andere Gase in kleineren Mengen gelöst sind.

# EIN MEER AUS GASEN

Das Gasgemisch der Erdatmosphäre ist farb- und geruchlos. Die Zusammensetzung bleibt vom Meeresspiegel bis in Höhen von etwa 100 Kilometern gleich, doch die Dichte nimmt ab. Im Lauf der Erdgeschichte änderten sich jedoch die Gase in der Luft. Vor Jahrmilliarden bildete sich durch Vulkanismus eine Atmosphäre, die reich an Kohlenmonoxid und Kohlendioxid, Schwefelverbindungen, Wasserdampf, Chlor und Ammoniak war. Erst durch die Entwicklung von Algen mit Fotosynthese (siehe S. 103) und die Zersetzung einiger Gase durch Sonnenstrahlung entstand die Luft, die wir heute atmen.

# VERWANDLUNGSKUNST

**Reaktionsarten**
Chemische Reaktionen werden als Gleichungen ausgedrückt. Sie müssen ausgeglichen sein, also die gleiche Anzahl von Atomen auf beiden Seiten des Pfeils haben (siehe unten), weil bei einer chemischen Reaktion keine Materie entstehen oder zerstört werden kann. Es gibt mehrere Grundtypen von Reaktionen.

Eine Reaktion ist ein Vorgang, der Elemente oder Verbindungen in andere chemische Formen umwandelt. Dabei werden chemische Bindungen aufgebrochen und neu gebildet (siehe S. 18–20). Die Ausgangsstoffe nennt man Reaktanten und die neu entstehenden Stoffe heißen Produkte. Einige Reaktionen laufen spontan ab, während andere Energie, Druck oder die Anwesenheit eines anderen Stoffs, eines Katalysators, erfordern (siehe S. 30).

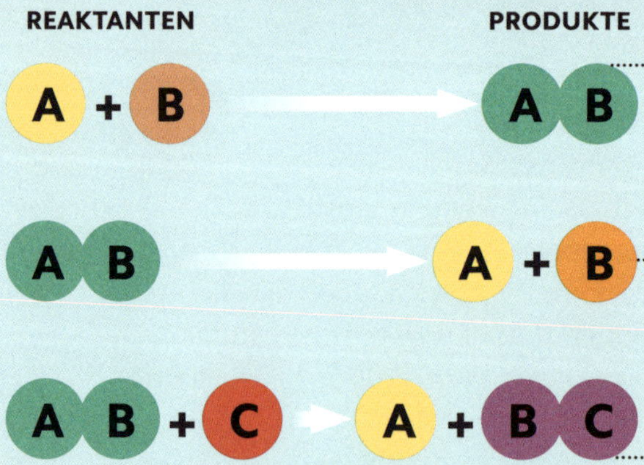


**SYNTHESE**
Zwei Reaktanten reagieren zu einem Produkt.

**ZERSETZUNG**
Ein Reaktant zerfällt in einfachere Produkte.

**SUBSTITUTION (ERSETZUNG)**
Ein Reaktant ersetzt einen Teil des anderen Reaktanten, wodurch zwei neue Verbindungen entstehen.

# IMMER AUSGEGLICHEN

Die Reaktionen beim Abbrennen eines Streichholzes sind nicht umkehrbar: ein Streichholz entsteht nicht wieder aus Asche. Viele Reaktionen sind jedoch umkehrbar (reversibel). Sie verlaufen nicht nur in eine Richtung, sondern gleichzeitig vorwärts und rückwärts. Sie erreichen schließlich ein Gleichgewicht, bei dem das Verhältnis von Reaktanten zu Produkten stabil ist. Die wichtige Chemikalie Ammoniak stellt man in einer reversiblen Reaktion zwischen Wasserstoff und Stickstoff her.

$$N_2 + 3H_2 \rightleftharpoons 2NH_3$$

STICKSTOFF — WASSERSTOFF — AMMONIAK

Der Doppelpfeil bezeichnet eine reversible Reaktion.

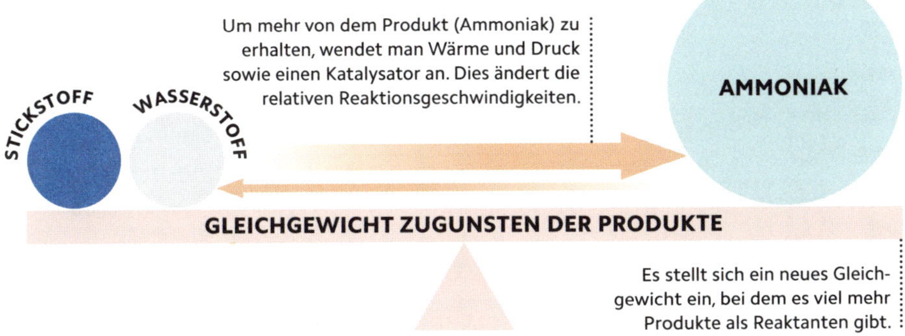

**Aktivierungsenergie**
Sowohl bei exothermen als auch endothermen Reaktionen muss Energie zugeführt werden, um sie zu starten. Diese »Energie-Barriere« heißt Aktivierungsenergie. Reaktionen mit kleiner Aktivierungsenergie laufen leichter ab als solche mit einer hohen Aktivierungsenergie.

**Exotherm und endotherm**
Reaktionen wie Verbrennungen und Explosionen sind exotherm, d.h., sie setzen Wärme frei. Endotherme Reaktionen wie das Kochen von Speisen nehmen dagegen Wärme aus der Umgebung auf.

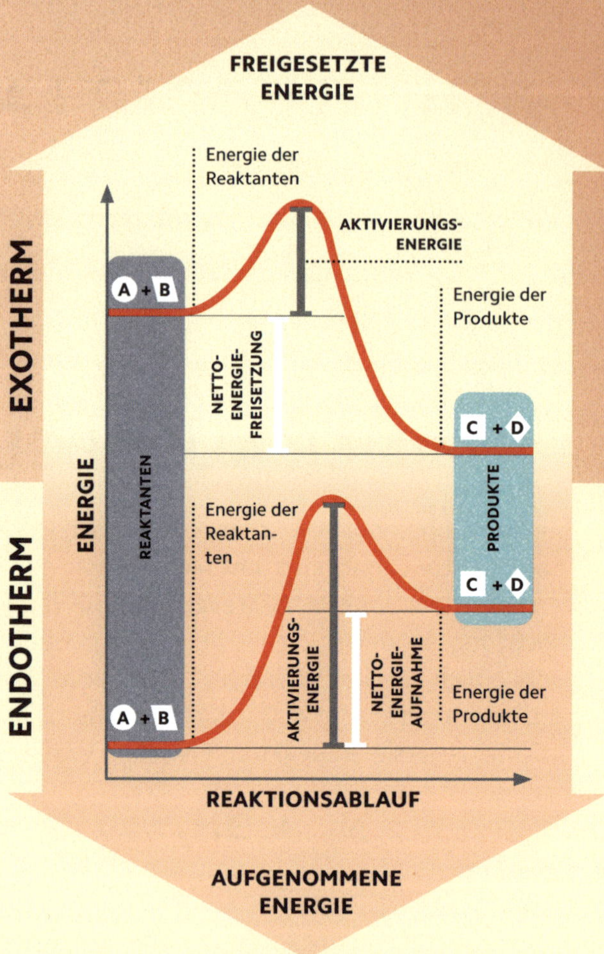


# REAKTIONS-ENERGIE

Atome »streben« nach Stabilität, indem sie ihre Valenzschale mit Elektronen vervollständigen (siehe S. 13). Dazu gehen sie Bindungen mit anderen Atomen ein. Bei neuen Bindungen wird Energie freigesetzt, meist als Wärme. Umgekehrt ist zum Lösen von Bindungen Energie nötig. Bei chemischen Reaktionen werden Bindungen sowohl gebildet als auch gelöst. Wenn eine Reaktion insgesamt mehr Wärme freisetzt als aufnimmt, nennt man sie exotherm; wenn sie insgesamt Wärme aufnimmt, endotherm.

# SCHNELL ODER LANGSAM?

Für eine Reaktion zwischen zwei geeigneten Molekülen müssen diese zunächst zusammenstoßen, und zwar mit ausreichender Energie und in der richtigen Ausrichtung der Moleküle. Jeder Faktor, der die Geschwindigkeit (Energie) der Moleküle und die Häufigkeit ihrer Kollisionen erhöht, führt zu einem schnelleren Ablauf der Reaktion. Solche Faktoren sind zum Beispiel Wärme, durch die sich die Moleküle schneller bewegen, Druck in Gasen oder Konzentration in Lösungen, weil sie die Moleküle näher zusammenbringen, sowie Katalysatoren, die die Moleküle richtig ausrichten (siehe S. 30).

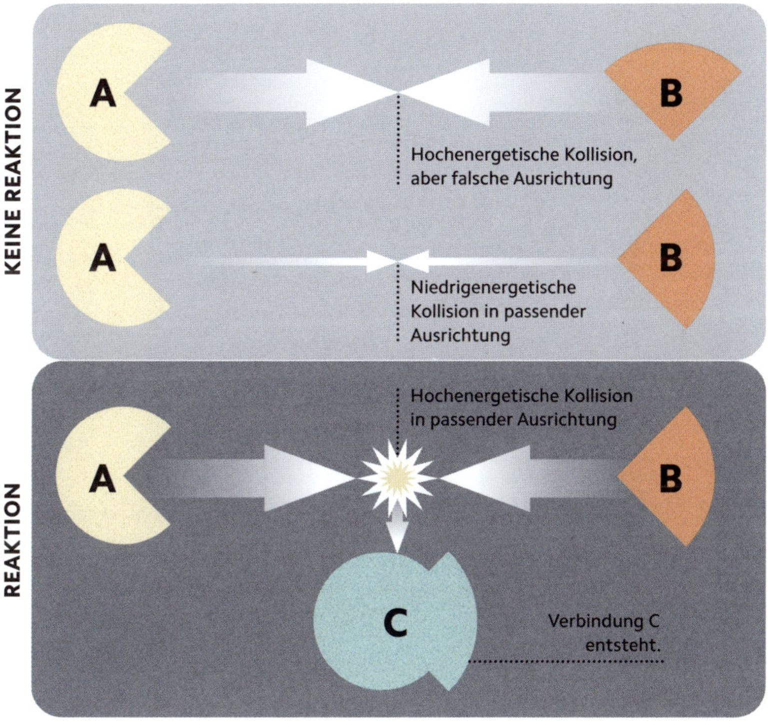

# AUF NEUEN WEGEN

Viele Reaktionen laufen schneller ab, wenn man zu den Reaktanten einen Katalysator hinzufügt. Katalysatoren sind Stoffe, die die Aktivierungsenergie der Reaktion senken (siehe S. 28), aber selbst nicht verbraucht werden. Metallkatalysatoren wie Eisen nutzt man in der Industrie häufig. Platin und Rhodium reduzieren zum Beispiel in Autokatalysatoren Schadstoffe im Abgas. Enzyme (siehe S. 99) sind als organische Katalysatoren für chemische Prozesse in Lebewesen unerlässlich.

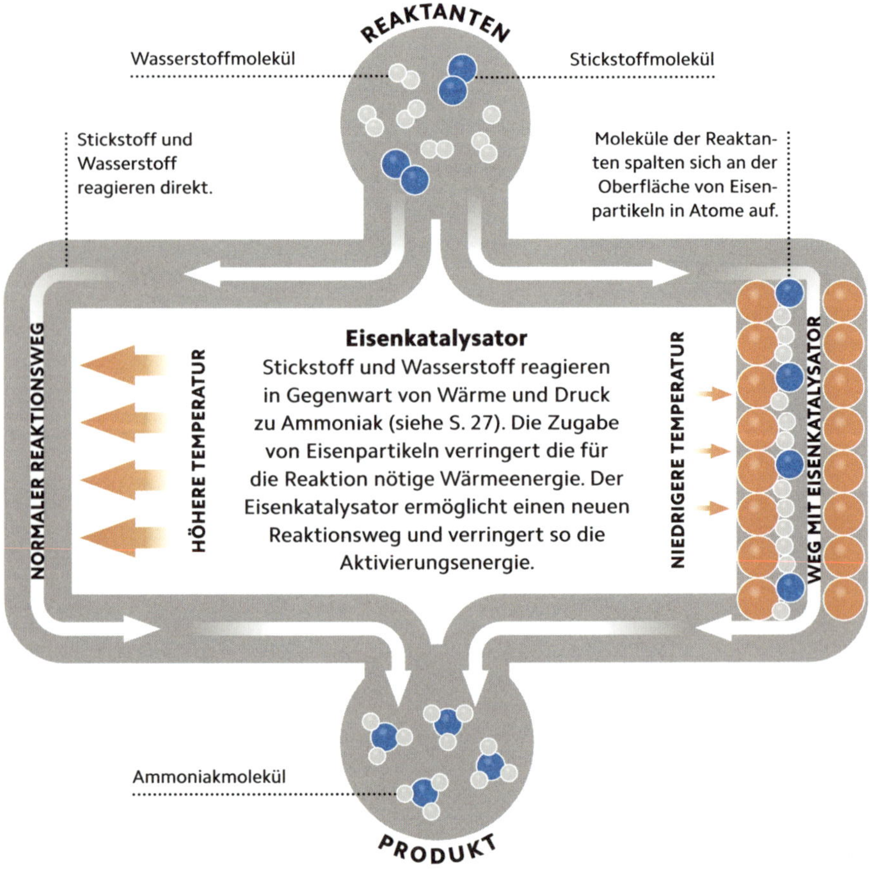

# ABFACKELN UND SPRENGEN

**TNT**
Die Bindungen im Sprengstoff TNT haben tatsächlich weniger Energie als z. B. die in Benzin. TNT ist nur deshalb so zerstörerisch, weil die Zersetzung sehr schnell abläuft, Wärmeenergie freisetzt und dabei große Mengen Gase entstehen.

**EXPLOSION**
TNT muss durch Zufuhr von Wärmeenergie oder durch eine Druckwelle zur Reaktion (Detonation) gebracht werden.

**ZERSETZUNG**
Die Bindungen des TNT brechen auf und setzen Wärmeenergie frei. Diese Energie breitet sich sehr schnell aus und bricht weitere Bindungen auf, sodass noch mehr Wärme freigesetzt wird, und so weiter.

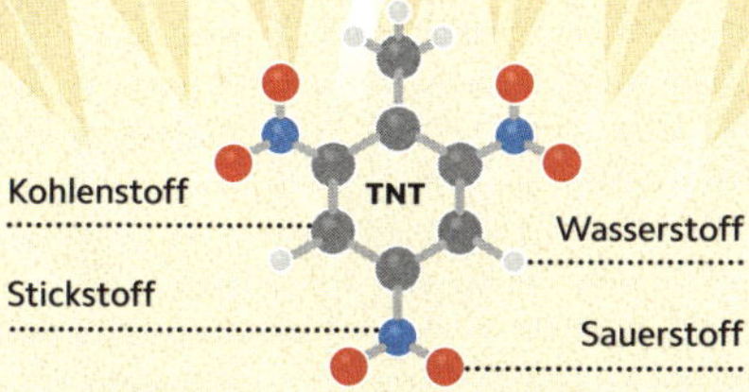


Die Verbrennung ist eine exotherme Reaktion (siehe S. 28), bei der ein Brennstoff heftig mit Luftsauerstoff reagiert (oxidiert) und schnell expandierende Gase bildet. Ein Funke oder eine Flamme liefert die Aktivierungsenergie (siehe S. 28). In einem verschlossenen Behälter können kleine Explosionen auftreten, aber der Sauerstoff ist bald verbraucht und die Reaktion stoppt. Starke Sprengstoffe enthalten daher eigene oxidierende Chemikalien oder sie beruhen auf anderen Reaktionen als der Verbrennung, wie es bei TNT der Fall ist.

KOHLEN-MONOXID

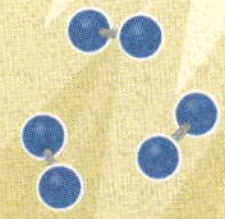
STICKSTOFF

**Produkte**
Die gasförmigen Produkte dehnen sich extrem schnell aus und verleihen TNT seine Sprengkraft.

WASSER

KOHLENSTOFF

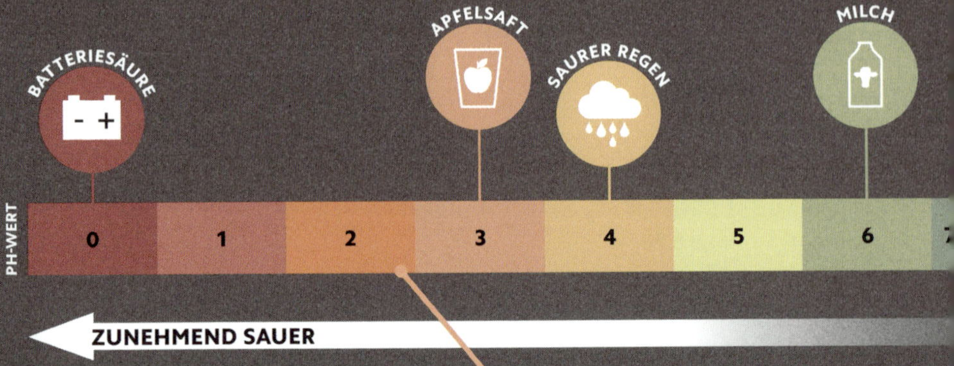


**Messung des Säurecharakters**
Den sauren bzw. basischen Charakter einer Lösung misst man auf der pH-Skala, die von 0 bis 14 reicht. pH steht für das »Potenzial des Wasserstoffs (H)«.

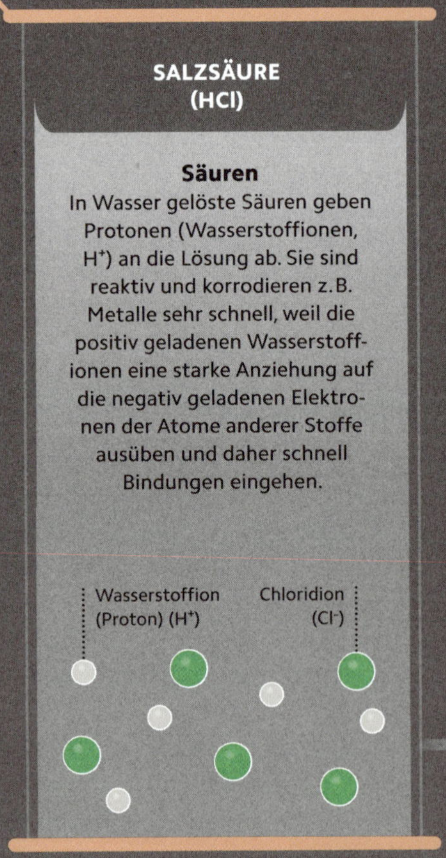


**Säuren**
In Wasser gelöste Säuren geben Protonen (Wasserstoffionen, $H^+$) an die Lösung ab. Sie sind reaktiv und korrodieren z. B. Metalle sehr schnell, weil die positiv geladenen Wasserstoffionen eine starke Anziehung auf die negativ geladenen Elektronen der Atome anderer Stoffe ausüben und daher schnell Bindungen eingehen.

# VON SÄUREN ZU BASEN

Viele natürliche und künstliche Stoffe klassifiziert man als Säuren, Basen oder Salze. In Wasser gelöste Basen nennt man alkalische Lösungen oder Laugen. Diese Stoffgruppen nutzt man oft industriell und in Haushaltsprodukten. In der Chemie der Lebewesen spielen sie eine wichtige Rolle. Den Säure- oder Basencharakter misst man mit der pH-Skala, die die Konzentration von Wasserstoffionen angibt.

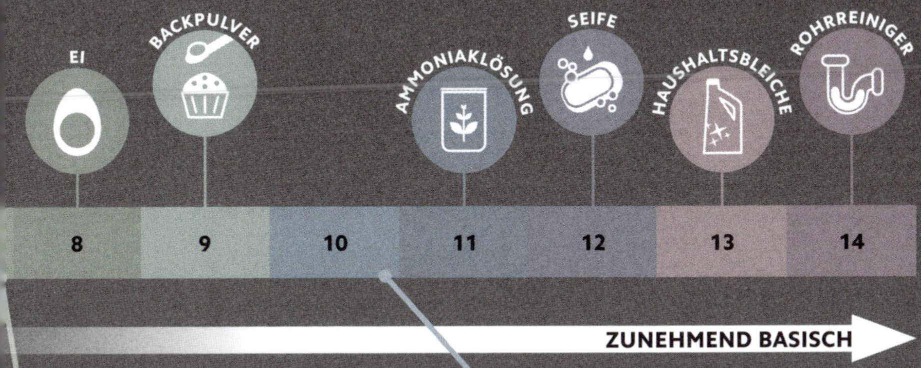


**KOCHSALZ + WASSER**
**($NaCl + H_2O$)**

### Neutralisierung und Salze

Ein Salz ist das Produkt einer Reaktion zwischen einer Säure und einer Base. Wenn man eine Base, etwa Natriumhydroxid, zu einer Lösung einer Säure, etwa Salzsäure, hinzufügt, reagieren die von der Säure freigesetzten Protonen ($H^+$) mit den von der Base freigesetzten Hydroxidionen ($OH^-$) zu neutralem Wasser ($H_2O$). Die in der Lösung verbleibenden Ionen sind die des gelösten Natriumchlorids.

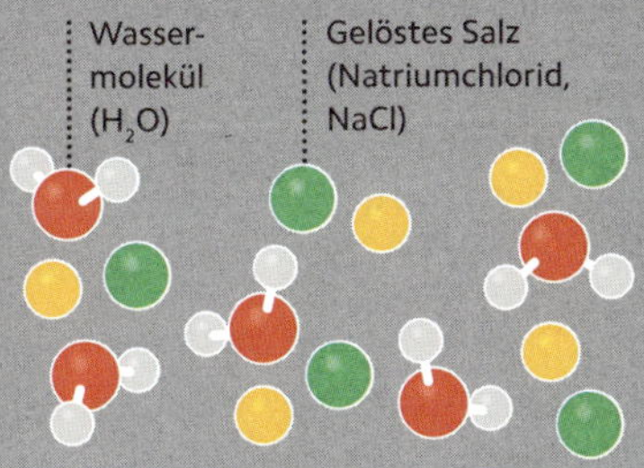


**NATRIUMHYDROXID**
**(NaOH)**

### Basen

Diese Stoffe setzen Hydroxidionen ($OH^-$) frei, wenn sie in Wasser gelöst werden. Sie sind reaktiv, weil die Hydroxidionen leicht Elektronen an andere Atome abgeben und daher schnell Bindungen mit ihnen eingehen.

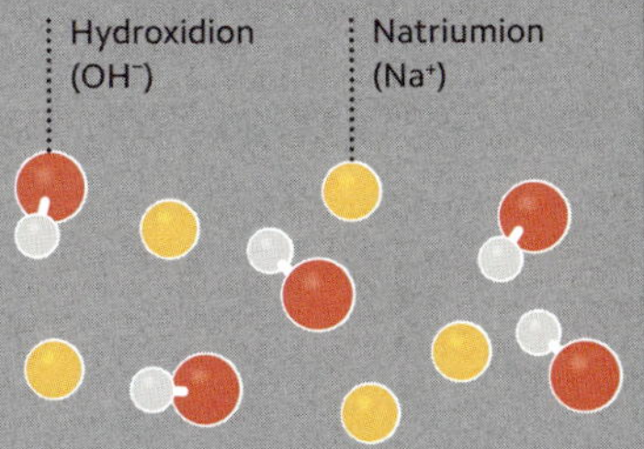

### Das Kontaktverfahren

Schwefelsäure stellt man durch das Kontaktverfahren her. Die Reaktion von Schwefel mit Sauerstoff ist temperaturabhängig. Der Katalysator ist nur bei hohen Temperaturen aktiv, aber hohe Temperaturen verschieben auch das Gleichgewicht der Reaktion in die Gegenrichtung (siehe S. 27). Als Mittelweg verwendet man eine Temperatur von 450 °C.

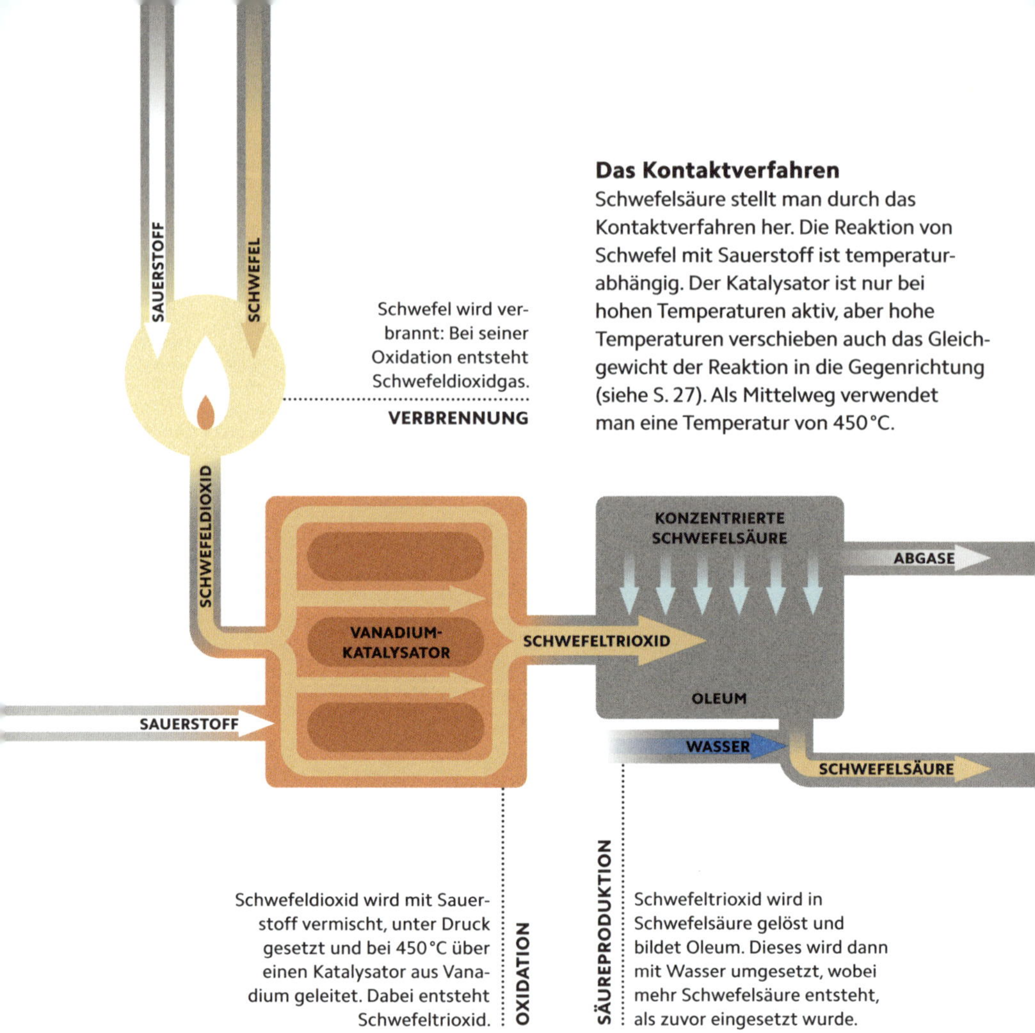


# INDUSTRIELLE REAKTIONEN

Chemikalien wie Chlor, Sauerstoff, Stickstoff, Ammoniak, Schwefelsäure und Natriumhydroxid braucht man für unzählige Produkte. Die Herstellung dieser Chemikalien im industriellen Maßstab ist eine technische Herausforderung. Hitze, Druck, Katalysatoren und ein ausgeklügeltes Design der Prozesse und Anlagen sollen die Ausbeute und Effizienz der Reaktionen maximieren und gleichzeitig die Kosten niedrig halten.

**Gezielte Verabreichung**
Nanostrukturen könnten schon bald eingesetzt werden, um Arzneimittel gezielt genau an der Stelle im Körper zu verabreichen, an der sie benötigt werden.

# KLEINE WELT

»Nano« ist die Vorsilbe für ein Milliardstel. Während sich die herkömmliche Chemie mit größeren Stoffmengen befasst, will die relativ neue Nanotechnologie nützliche Strukturen in Größen bis hinunter zu einzelnen Atomen und Molekülen erschaffen. Winzige Anordnungen von Atomen, die auf Veränderungen reagieren, Materie manipulieren und bei winziger Größe eine vergleichsweise große Festigkeit erreichen, haben das Potenzial, jeden Bereich der Technik zu revolutionieren – von der Medizin bis zur Landwirtschaft und von der Informatik bis hin zum Bauwesen.

# P H Y S I

**Die Physik** befasst sich mit den grundlegendsten Phänomenen wie Bewegung, Kraft, Masse, Energie, Raum und Zeit und versucht zu beschreiben, wie sie zusammenhängen. Frühe Physiker verbanden philosophische Untersuchungen mit experimentellen Techniken. Im 19. Jahrhundert glaubte man bereits, den größten Teil des beobachteten Universums erklären zu können. Die damaligen mechanistischen Theorien versagten jedoch bei neuen Beobachtungen im atomaren Maßstab und bei Geschwindigkeiten nahe der Lichtgeschwindigkeit. Daraufhin entstanden Konzepte wie die Relativitätstheorie und die Quantenmechanik, die jedoch selbst wieder eine Vielzahl neuer Fragen über unsere Welt aufwarfen.

# ZIEHEN, SCHIEBEN

Kraft ist die Stärke des Zugs oder Schubs in eine bestimmte Richtung. Man misst sie in der Einheit Newton (N). Ein Newton ist ungefähr die Kraft, die man spürt, wenn ein kleiner Apfel auf der Hand liegt. In der Welt sind viele Kräfte im Gleichgewicht. Die Gewichtskraft des Apfels wird durch eine gleich große Kraft, die die Hand nach oben ausübt, ausgeglichen, sodass sich der Apfel nicht bewegt. Sind die Kräfte auf ein Objekt in ihrer Stärke oder Richtung nicht ausgeglichen, wird es beschleunigt (siehe S. 50–51) oder verformt.

**KONTAKTKRAFT**

Ein fallender Apfel erfährt beim Aufprall am Boden eine gleich starke Gegenkraft.

**Kontaktkräfte und Nichtkontaktkräfte**

Kräfte können entweder durch Stöße oder physischen Kontakt zwischen Objekten übertragen werden, oder über eine Entfernung ohne direkten Kontakt wie bei Schwerkraft und Magnetismus.

**NICHTKONTAKTKRAFT**

Zwei hängende Äpfel üben eine winzige Gravitationskraft aufeinander aus.

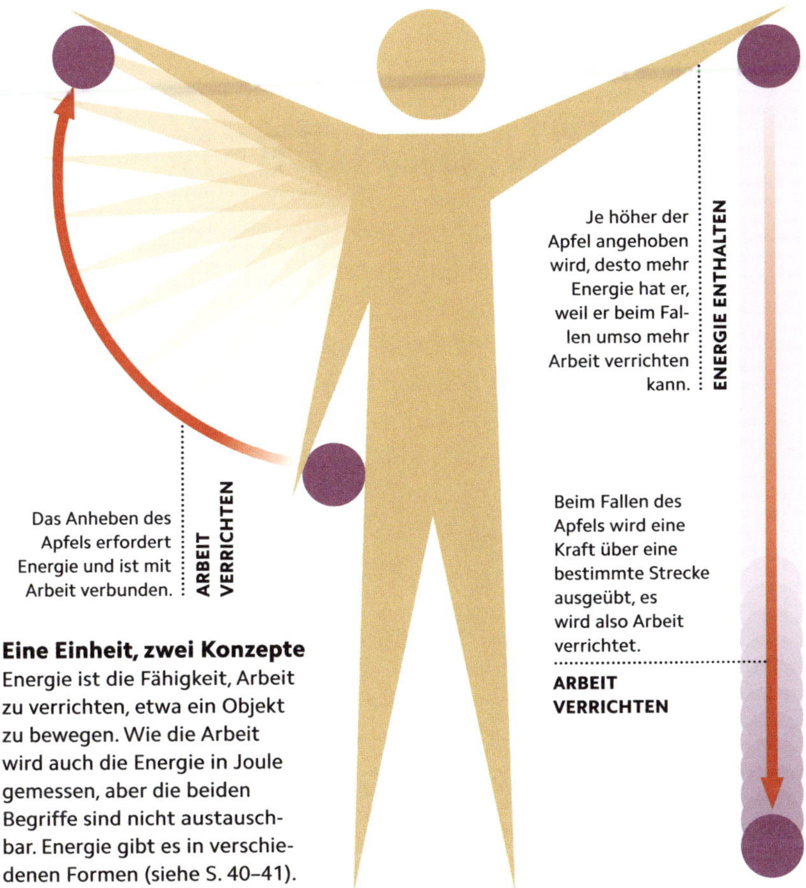


**Eine Einheit, zwei Konzepte**
Energie ist die Fähigkeit, Arbeit zu verrichten, etwa ein Objekt zu bewegen. Wie die Arbeit wird auch die Energie in Joule gemessen, aber die beiden Begriffe sind nicht austauschbar. Energie gibt es in verschiedenen Formen (siehe S. 40–41).

# *ES GEHT LOS!*

Arbeit und Energie sind Alltagswörter, haben aber in der Wissenschaft eine besondere Bedeutung. Arbeit wird geleistet, wenn eine Kraft einen Körper bewegt oder seine Form verändert. Dabei muss die Kraft bewirken, dass sich der Körper in Richtung der Kraft bewegt: ohne Bewegung keine Arbeit. Die Kraft, multipliziert mit der zurückgelegten Strecke (Newton mal Meter), ergibt die geleistete Arbeit in der Einheit Joule (J).

> **Die kinetische Energie ist proportional zum Quadrat der Geschwindigkeit. Deshalb haben kleine, schnelle Objekte wie Gewehrkugeln so viel Energie.**

**Kinetische Energie**
Dies ist die Energie in einer Bewegung. Je schneller sich ein Objekt bewegt und je größer seine Masse ist, desto mehr Energie hat es. Es gibt viele verschiedene Formen.

# ENERGETISCHE WELT

Ein fahrender Zug hat offensichtlich Energie, aber das gilt auch für ein Holzbrett oder einen Wassertank. Das Holz setzt Energie frei, wenn es verbrennt, und das Wasser, wenn es fließt. Gemeinsam ist ihnen die Fähigkeit, Arbeit zu verrichten (siehe S. 39). Es gibt viele verschiedene Energieformen, die man grob in kinetische und potenzielle Energie einteilt. Manche Energieformen sind sowohl kinetisch als auch potenziell.

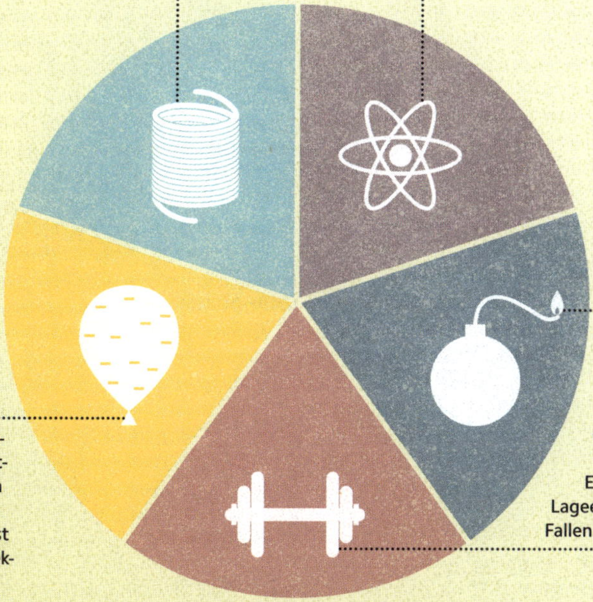


**Potenzielle Energie**

Das ist Energie, die ein Objekt aufgrund seiner Form oder seiner Position im Verhältnis zu anderen Objekten besitzt. Selbst winzige Teilchen haben potenzielle Energie und es gibt sie in vielen Formen.

# EINE FESTE MENGE ENERGIE

Nach den Gesetzen der Thermodynamik (siehe S. 46–47) kann Energie weder aus dem Nichts geschaffen noch vernichtet werden. Sie kann jedoch von einer Form in eine andere umgewandelt werden. Wann immer wir Energie nutzen, wandeln wir Energie zwischen verschiedenen Formen um: In einer Lampe wird beispielsweise elektrische Energie in Strahlungsenergie (Licht) umgewandelt. Die Umwandlung kann nie zu 100 Prozent effizient sein – ein Teil wird nicht in die gewünschte Form umgewandelt, sondern geht als Wärme »verloren«.

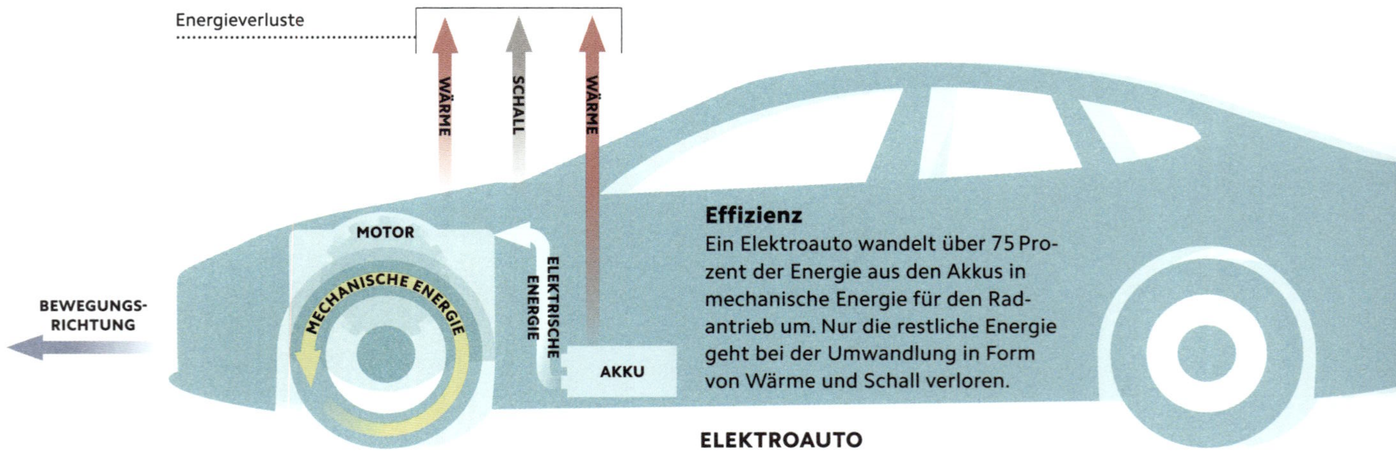

Eine Rakete erzeugt beim Start mehrere Dutzend Gigawatt Leistung.

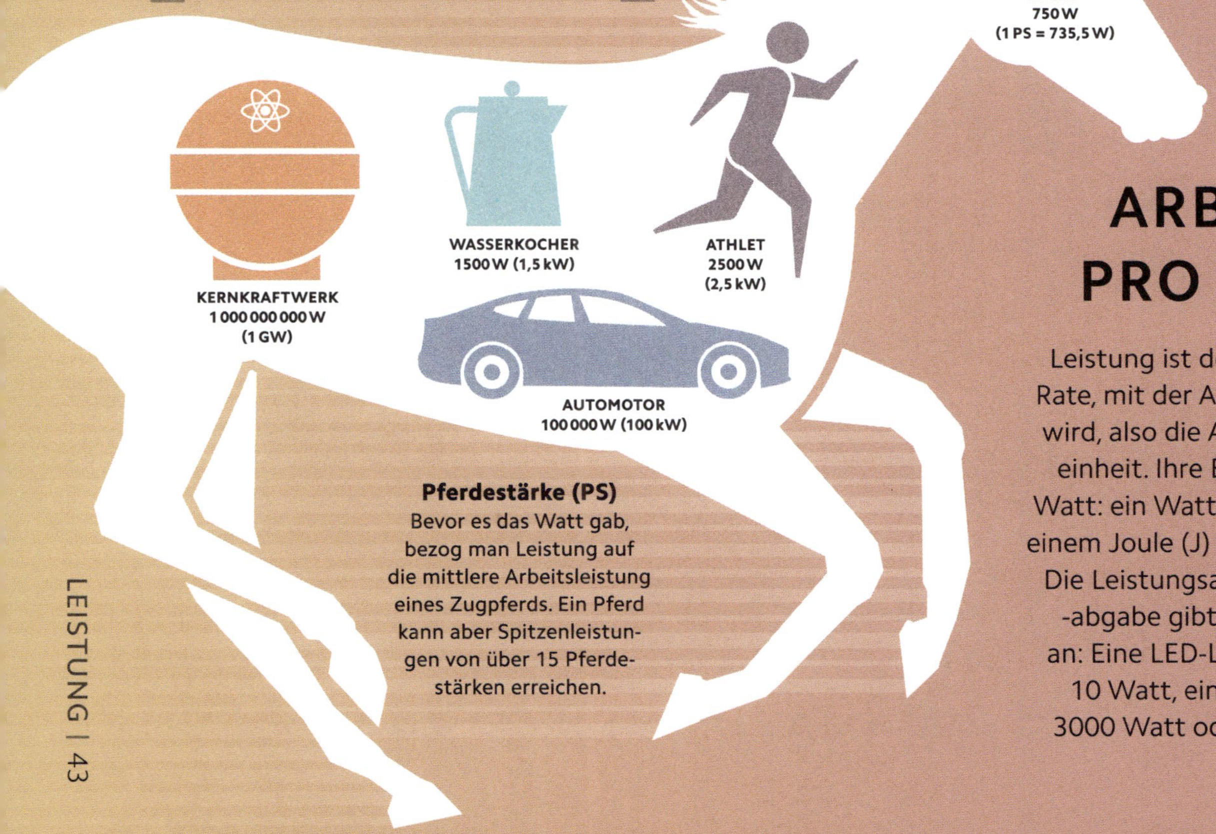


**Pferdestärke (PS)**
Bevor es das Watt gab, bezog man Leistung auf die mittlere Arbeitsleistung eines Zugpferds. Ein Pferd kann aber Spitzenleistungen von über 15 Pferdestärken erreichen.

# ARBEIT PRO ZEIT

Leistung ist definiert als die Rate, mit der Arbeit verrichtet wird, also die Arbeit pro Zeiteinheit. Ihre Einheit ist das Watt: ein Watt (W) entspricht einem Joule (J) pro Sekunde (s). Die Leistungsaufnahme oder -abgabe gibt man in Watt an: Eine LED-Lampe braucht 10 Watt, ein Elektroherd 3000 Watt oder 3 Kilowatt.

# HEISSE SACHE

Die Teilchen der Materie sind stets in Bewegung und besitzen daher Energie aufgrund dieser Bewegung, wozu auch Rotation und Schwingung gehören, und aufgrund der Kräfte zwischen ihnen. Die Temperatur eines Stoffs ist ein Maß für die mittlere Bewegungsenergie seiner Teilchen. Wärme, gemessen in Joule, ist die Übertragung von innerer Energie zwischen Substanzen. Die Wärme, die nötig ist, um die Temperatur eines Körpers um einen bestimmten Betrag zu erhöhen, hängt von seiner Masse und seinem Material ab. So erfordert die Erwärmung von 1 kg Wasser um 1 °C mehr Wärmeenergie als die Erwärmung von 1 kg Metall um 1 °C. Wärme kann durch Wärmeleitung, Konvektion oder Strahlung übertragen werden.

**Wärmeleitung**
In Festkörpern können sich die Teilchen nicht fortbewegen, aber sie können vibrieren. Die Schwingungen nehmen zu, wenn Wärme zugeführt wird. Wenn man ein Ende eines Stabs erhitzt, werden die Schwingungen von einem Atom auf seine Nachbarn übertragen: Die Wärme wird durch den Stab geleitet.

> **»… dass Wärme keine Substanz ist, sondern eine Form mechanischer Leistung …«**
> Lord Kelvin

### Konvektion

In einem Fluid (Flüssigkeit oder Gas) können sich die Teilchen relativ zueinander bewegen. Wird ein Bereich erwärmt, dehnt sich das Fluid dort aus und wird weniger dicht. Das weniger dichte Fluidpaket steigt auf und nimmt Wärme mit, bevor es abkühlt und absinkt. Diese Form der Wärmeübertragung heißt Konvektion.

### Wärmestrahlung

Wärme kann ohne Kontakt übertragen werden. So erwärmt die Sonne die Erde durch das Vakuum des Weltraums. Die Energie wird als elektromagnetische Strahlung übertragen (siehe S. 70–71). Wenn ein Körper die Strahlung absorbiert, erhöht sie die Schwingung der Teilchen des Körpers und seine Temperatur steigt.

**Die vier Gesetze**
Es gibt vier Gesetze der Thermodynamik, die Temperatur, Wärme, Arbeit und Entropie miteinander verbinden.

**Nulltes Gesetz**
Dieses Gesetz bezieht sich auf thermische Gleichgewichte, in denen keine Wärme zwischen zwei sich berührenden Objekten fließt. Wenn sich zwei Objekte einzeln im thermischen Gleichgewicht mit einem dritten Objekt befinden, dann sind sie auch untereinander im thermischen Gleichgewicht.

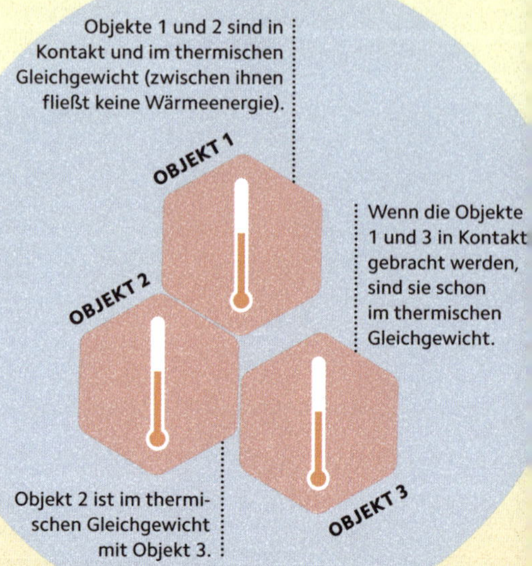


# WÄRME UND UNORDNUNG

Die Thermodynamik befasst sich mit den Beziehungen zwischen Temperatur, Wärme und Energie, speziell mit der inneren Energie von Stoffen, die auf der Bewegung ihrer Teilchen und der Kräfte zwischen ihnen beruht. Ein Schlüsselbegriff ist die Entropie: ein Maß dafür, wie stark die innere Energie in einem System verteilt ist. Dies hat auch mit Statistik zu tun, denn Energie ist viel wahrscheinlicher weiträumig verteilt als konzentriert. Gewöhnlich nimmt die Entropie mit der Temperatur zu. So können die Teilchen im Festkörper nur schwingen, in einer Flüssigkeit aber schwingen, rotieren und sich bewegen. Man kann Entropie aus einem System nur entfernen, wenn man Arbeit aufwendet.

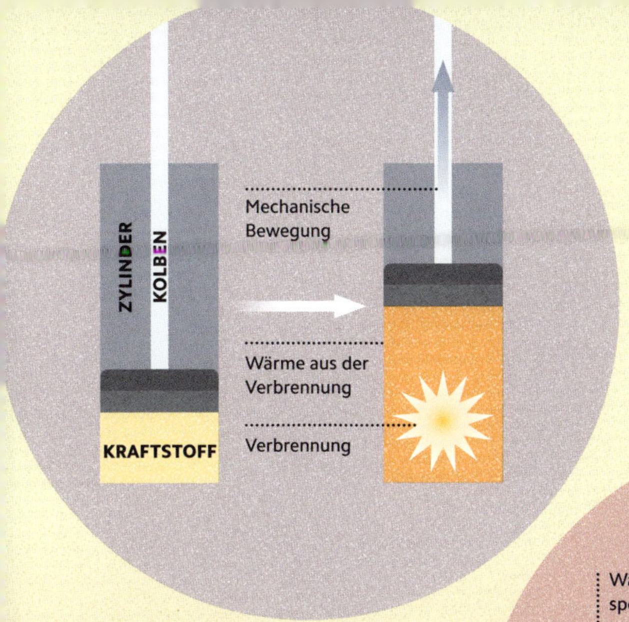


**Erstes Gesetz**
Energie kann weder geschaffen noch zerstört, sondern nur in andere Formen umgewandelt werden. Ein Verbrennungsmotor z. B. wandelt chemische Energie des Kraftstoffs in Wärme und Bewegung um.

**Zweites Gesetz**
Wärme geht niemals spontan von einem kälteren auf einen wärmeren Körper über. Anders ausgedrückt: Der Grad der Unordnung – die Entropie – eines Systems nimmt immer zu, wenn dem System nicht Energie zugeführt wird.

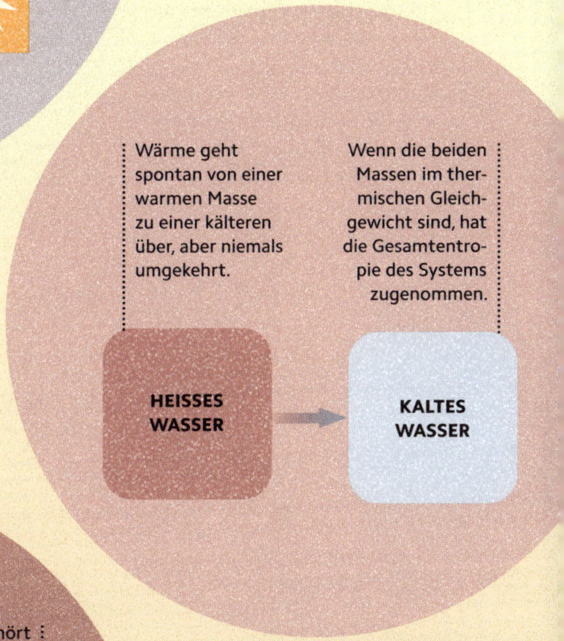


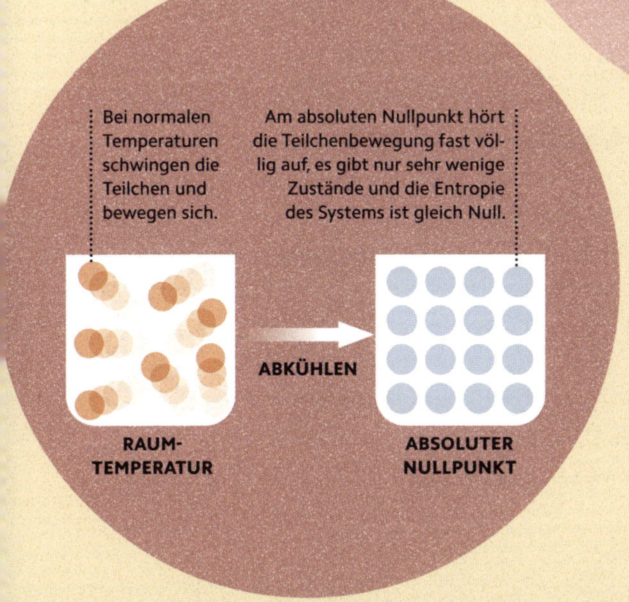


**Drittes Gesetz**
Die Entropie nähert sich dem Wert Null, wenn sich die Temperatur dem absoluten Nullpunkt (-273 °C) nähert. Dies ist die Temperatur, bei der die Schwingungen von Atomen und Molekülen aufhören. Bei so geringer Energie stehen den Atomen und Molekülen nur sehr wenige mögliche Zustände zur Verfügung.

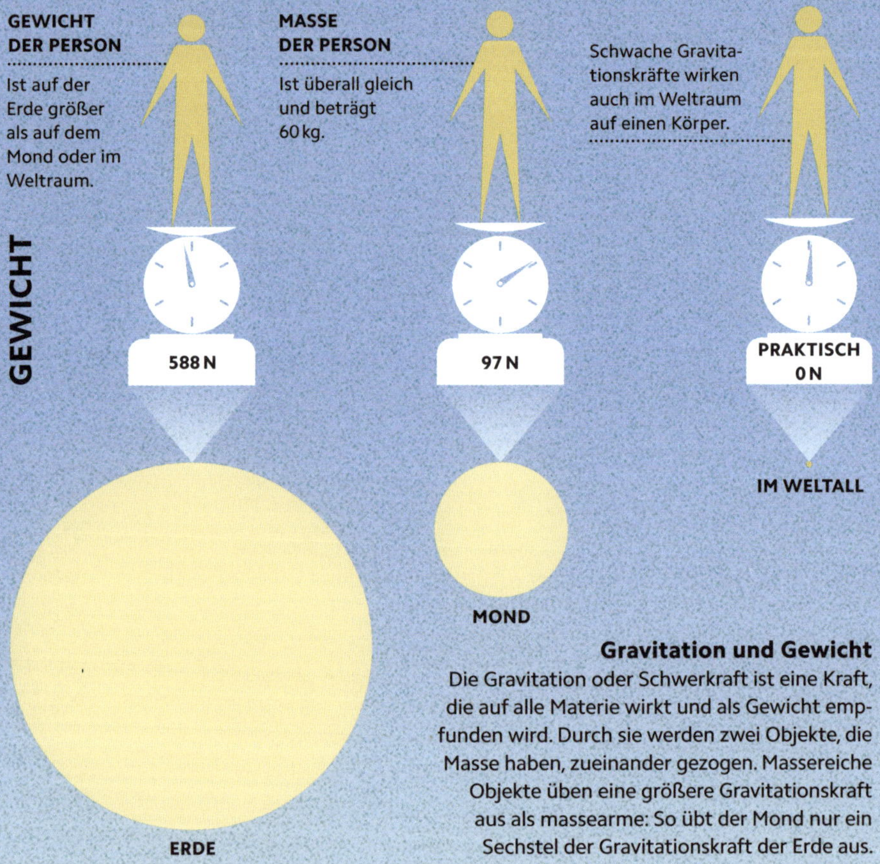


**Gravitation und Gewicht**
Die Gravitation oder Schwerkraft ist eine Kraft, die auf alle Materie wirkt und als Gewicht empfunden wird. Durch sie werden zwei Objekte, die Masse haben, zueinander gezogen. Massereiche Objekte üben eine größere Gravitationskraft aus als massearme: So übt der Mond nur ein Sechstel der Gravitationskraft der Erde aus.

# GEWICHTIGE SACHE

Die Masse ist die Menge der Materie in einem Objekt: die Summe aller seiner Atome (siehe S. 8–9). Die Masse eines Objekts wird in Kilogramm (kg) gemessen und ist konstant, egal, wo es sich befindet – ob auf der Erde, auf dem Mond oder im Weltraum. Sie wird manchmal mit dem Gewicht verwechselt, das ein anderes, aber verwandtes Konzept ist. Das Gewicht ist die Gravitationskraft, die gerade auf eine Masse wirkt, und es wird wie alle Kräfte in Newton (N) gemessen (siehe S. 38).

# KRAFTWANDLER

Die grundlegende Definition einer Maschine ist ein Gerät, das Arbeit (siehe S. 39) verrichten kann. Nützliche alltägliche Maschinen verstärken Kräfte oder lenken sie um. Hebel, etwa eine Zange, sind einfache Maschinen: Wendet man an einem Hebelarm eine Kraft auf, übt der andere Arm eine größere Kraft aus. Auch eine schiefe Ebene ist eine Maschine: Ein Wagen, den man waagerecht zieht, wird gleichzeitig gehoben, die Zugkraft wird also umgelenkt. Ein Seil mit Umlenkrolle ist ebenfalls eine einfache Maschine, weil es die Richtung der Zugkraft verändert.

Energie wird von Maschinen weder erzeugt noch vernichtet. Die Arbeit, die ein Hebel an der Last verrichtet, ist gleich der Arbeit, die man selbst am anderen Hebelarm verrichtet. Den Faktor, um den die Maschine die Kraft vervielfacht, nennt man mechanischen Vorteil.

Wenn die Hebelkraft weiter vom Drehpunkt entfernt ansetzt, wird die Kraft, die auf die Backen wirkt (»Last«), größer, aber dafür muss man die Hebelkraft über einen längeren Weg aufwenden.

**Kraftgewinn**
Eine Zange besteht aus zwei Hebeln. Wenn man auf die langen Griffe drückt, wird eine größere Kraft auf die Backen ausgeübt.

> »Die Änderung der Bewegung ist der Einwirkung der bewegenden Kraft proportional.«
>
> Isaac Newton

Die Geschwindigkeit kann man in zwei rechtwinklig zueinander stehende Vektoren zerlegen.

**Geschwindigkeit**
Sie gibt an, wie schnell sich die Position ändert, und hat sowohl einen Betrag (meist in Meter pro Sekunde, m/s, oder Kilometer pro Stunde, km/h) als auch eine Richtung.

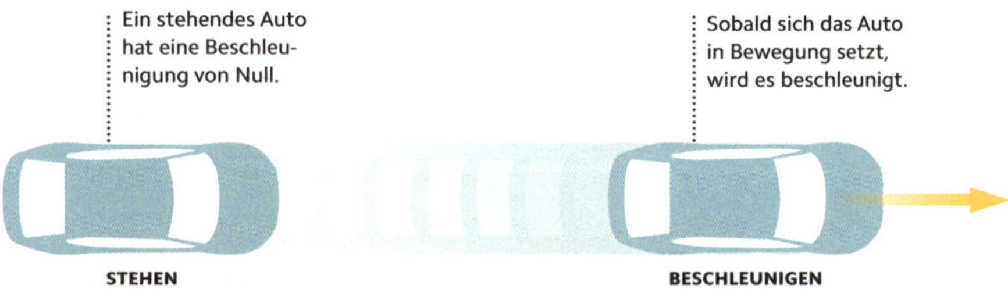


**Beschleunigung**
Dies ist die Änderungsrate der Geschwindigkeit. Ihre wissenschaftliche Einheit ist Meter pro Sekunde, pro Sekunde ($m/s^2$).

# KÖRPER IN BEWEGUNG

Die Geschwindigkeit eines Objekts gibt an, wie viel Strecke es in einer bestimmten Zeit zurücklegt, etwa Meter pro Sekunde (m/s) oder Kilometer pro Stunde (km/h). In der Wissenschaft ist die Geschwindigkeit eine Vektorgröße, d. h., sie hat nicht nur einen Betrag, sondern auch eine Richtung. Die Beschleunigung beschreibt, wie schnell sich die Geschwindigkeit eines Objekts ändert. Auch sie ist ein Vektor: Jede Bewegungsänderung ist eine Beschleunigung, gleichgültig, ob das Objekt schneller oder langsamer wird oder die Richtung ändert.

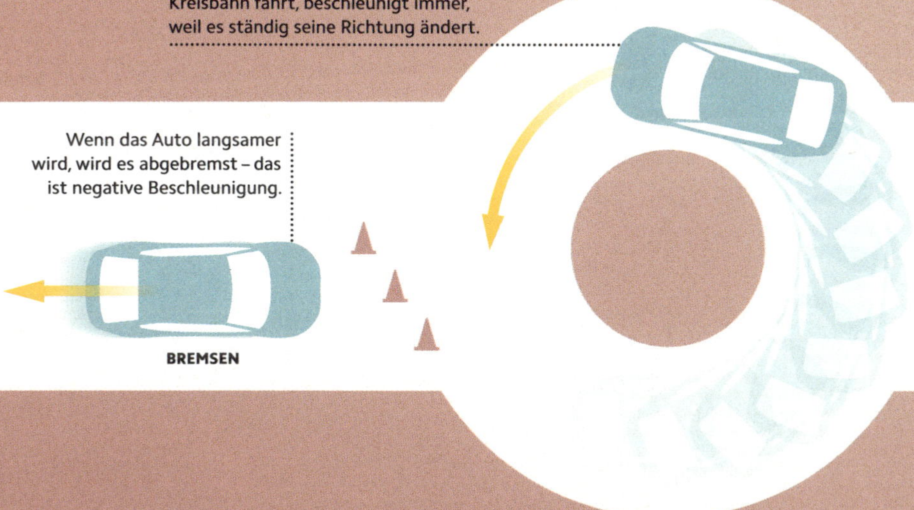

# NEWTONSCHE MECHANIK

Die Beziehung zwischen Kraft und Bewegung wurde seit der Antike von Philosophen untersucht, erhielt aber im 17. Jahrhundert durch den großen Denker Isaac Newton eine konkrete Form. Seine drei Bewegungsgesetze lassen sich auf verschiedenste Systeme anwenden – von Maschinen bis hin zu Planeten und Sternen – und sie haben unser Verständnis der Physik neu geprägt. Allerdings versagen diese Gesetze, wenn sich Objekte fast mit Lichtgeschwindigkeit bewegen (siehe S. 80).

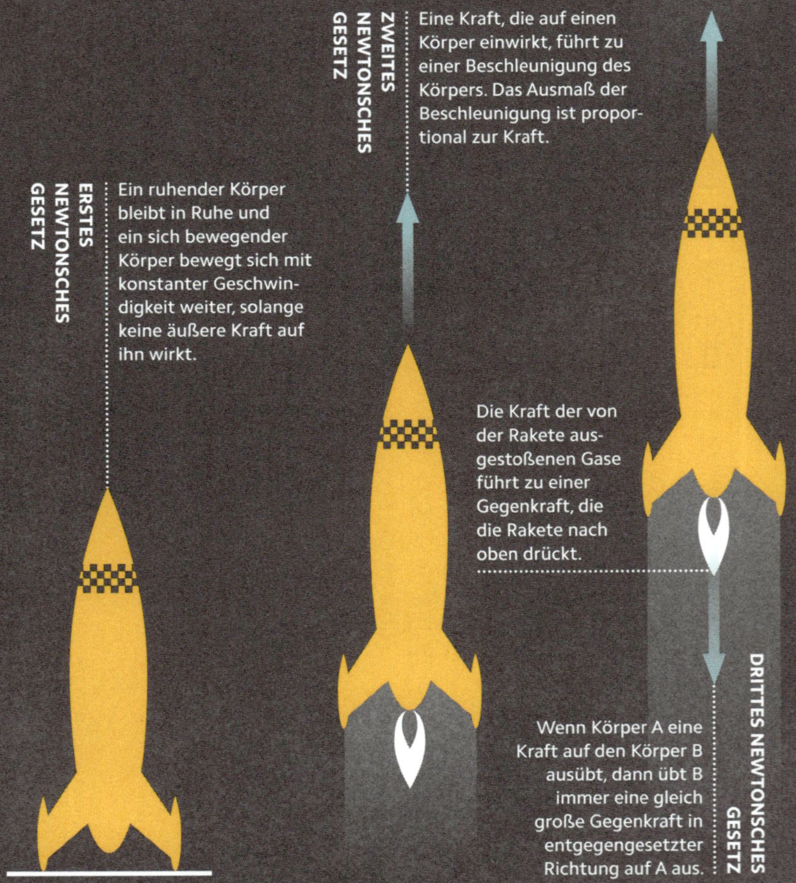

# MASSE IN BEWEGUNG

Physiker beschreiben bewegte Körper mit Begriffen wie Geschwindigkeit, Beschleunigung (siehe S. 50–51), Impuls und Trägheit. Der Impuls ist ein Maß dafür, wie viel »Bewegung« ein Körper hat. Er ist das Produkt der Masse (m) und der Geschwindigkeit (v) des Körpers: Ein schwerer, sich schnell bewegender Körper hat viel Impuls, während ein stationärer Körper keinen Impuls hat. Dagegen ist die Trägheit eine intrinsische Eigenschaft aller Materie, unabhängig davon, ob sie sich bewegt oder nicht, und hängt nur von ihrer Masse ab. Sie ist die Tendenz eines Objekts, Kräften zu widerstehen, die versuchen, seine Bewegung zu verändern.

**Impulserhaltung**

Impuls kann weder erzeugt noch zerstört werden. Beim Zusammenstoß zweier Billardkugeln ist beispielsweise der Gesamtimpuls vor dem Stoß identisch mit dem Impuls nach dem Stoß.

# IM KREIS HERUM

**ERDE**

Die Trommel einer Waschmaschine und ein Satellit in der Umlaufbahn sind Beispiele für Kreisbewegungen. Ein Objekt auf einer Kreisbahn ändert ständig die Richtung, d.h., es beschleunigt, denn sonst würde es sich in einer geraden Linie bewegen. Nach dem zweiten Newtonschen Gesetz ist also eine Kraft erforderlich, die das Objekt beschleunigt (siehe S. 52), und im Fall einer Kreisbewegung wirkt diese Kraft immer in Richtung des Kreismittelpunkts – der Achse der Trommel oder des Erdmittelpunkts. Sie wird Zentripetalkraft (etwa: »zentrumssuchende« Kraft) genannt.

**SATELLITENBAHN**

Die Geschwindigkeit des Satelliten ist so gewählt, dass die Zentripetalkraft ihn genau auf der Umlaufbahn hält.

Die Gravitation oder Schwerkraft ist die Zentripetalkraft, die den Satelliten ständig zur Erde zieht und ihn auf seiner Kreisbahn hält.

**GESCHWINDIGKEIT**

Ohne die Zentripetalkraft würde sich der Satellit in jedem Augenblick geradlinig fortbewegen und die Bahn verlassen.

**PERIODE**

Die Zeit, die das Pendel für einen vollen Schwingungszyklus braucht, hängt von der Länge des Pendels ab, aber erstaunlicherweise nicht von seiner Masse.

**HARMONISCHER OSZILLATOR**

Bei harmonischen Schwingungen zieht eine Rückstellkraft den Oszillator stets in Richtung seiner Gleichgewichtsposition: den Punkt, an dem er natürlich zur Ruhe kommen würde. Bei einem Pendel ist die Rückstellkraft eine Kombination aus Schwerkraft und Seilspannung.

Maximale Rückstellkraft, keine Geschwindigkeit

Keine Rückstellkraft, maximale Geschwindigkeit

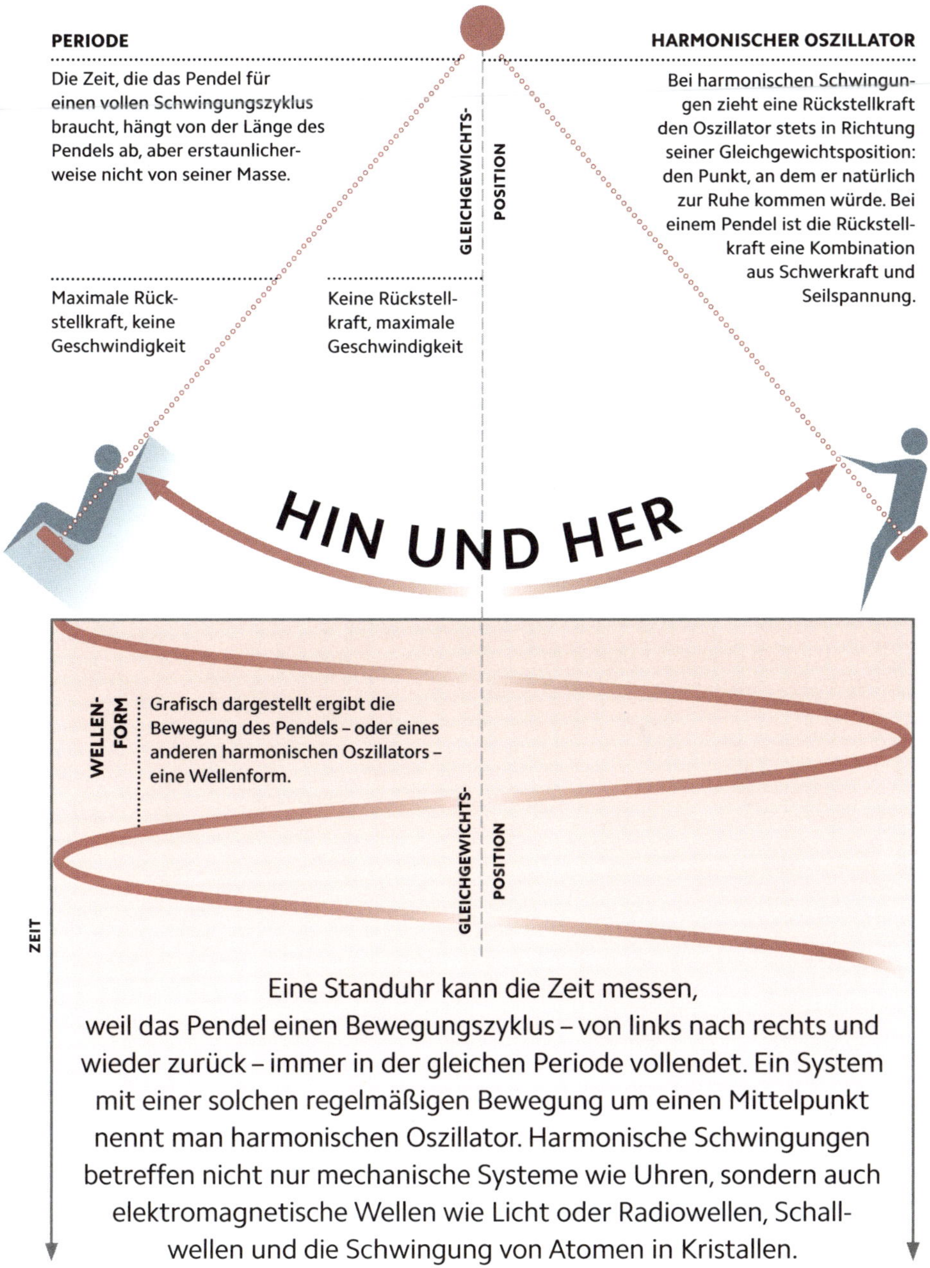


Grafisch dargestellt ergibt die Bewegung des Pendels – oder eines anderen harmonischen Oszillators – eine Wellenform.

Eine Standuhr kann die Zeit messen, weil das Pendel einen Bewegungszyklus – von links nach rechts und wieder zurück – immer in der gleichen Periode vollendet. Ein System mit einer solchen regelmäßigen Bewegung um einen Mittelpunkt nennt man harmonischen Oszillator. Harmonische Schwingungen betreffen nicht nur mechanische Systeme wie Uhren, sondern auch elektromagnetische Wellen wie Licht oder Radiowellen, Schallwellen und die Schwingung von Atomen in Kristallen.

# UNTER DRUCK

Flüssigkeiten und Gase sind Fluide: Stoffe, die fließen können. Sie haben keine feste Form, weil sich ihre Moleküle aneinander vorbei bewegen können. In Flüssigkeiten ist zwischen den Molekülen wenig Platz, sodass sie sich nur schwer (aber doch ein wenig) komprimieren lassen. Die Moleküle eines Gases sind dagegen viel weiter voneinander entfernt, sodass Gase durch Änderung der Temperatur oder des Drucks komprimiert oder expandiert werden. Die genauen Beziehungen zwischen Druck, Temperatur und Volumen werden von den Gasgesetzen beschrieben.

**Die Gasgesetze**

Die Gesetze, die das Verhalten von Gasen beschreiben, wurden im 17. Jh. aufgestellt. Sie gehen von der (falschen) Annahme aus, dass keine Kräfte zwischen den Gasmolekülen herrschen und dass die Moleküle selbst kein Volumen einnehmen. Daher weichen sie ein wenig von den genauen Beobachtungen ab.

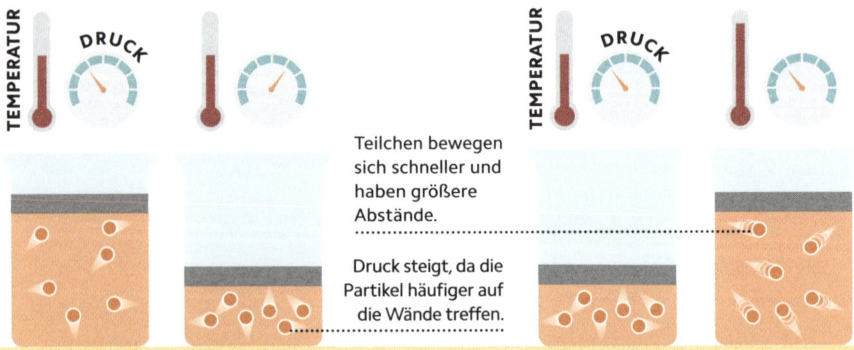


**Druck und Volumen**

Das Volumen eines Gases nimmt ab, wenn der Druck steigt, und umgekehrt. Diese Beziehung heißt Gesetz von Boyle-Mariotte.

**Volumen und Temperatur**

Das Volumen eines Gases nimmt mit steigender Temperatur zu. Diese Beziehung heißt Gesetz von Charles oder Gesetz von Gay-Lussac.

# SINKEN UND SCHWIMMEN

WASSEROBERFLÄCHE

Ein Körper, der von einer Flüssigkeit umgeben ist, erfährt einen Druck, der durch das Gewicht der Flüssigkeit ausgeübt wird. Der Druck hängt von der Dichte der Flüssigkeit ab und nimmt mit der Tiefe zu. Ist ein Körper in eine Flüssigkeit eingetaucht, steht dem Druck, der auf der Unterseite des Körpers nach oben drückt, der Druck gegenüber, der auf der Oberseite nach unten drückt. Die Differenz dieser beiden Kräfte ist die Auftriebskraft. Wenn sie größer ist als das Gewicht des Körpers, schwimmt er.

**FLÜSSIGKEITSKRÄFTE**

Wenn das Gewicht eines Körpers größer ist als der Auftrieb, den er in einer Flüssigkeit erfährt, sinkt der Körper. Ist es geringer, schwimmt er.

**Auftriebskraft**

Die Unterseite eines untergetauchten Körpers steht unter einem höheren Druck als die Oberseite, da sie tiefer in der Flüssigkeit liegt. Dieser Druckunterschied führt zu einer nach oben gerichteten Kraft auf den Körper, die man Auftriebskraft nennt.

In größerer Tiefe herrscht höherer Druck.

## Anatomie einer Welle

Wellen lassen sich durch ihre Frequenz, Wellenlänge und Amplitude beschreiben. Wellen mit einer hohen Frequenz und Amplitude übertragen mehr Energie als Wellen mit einer niedrigen Frequenz und Amplitude. Die Geschwindigkeit einer Welle ist ihre Frequenz, multipliziert mit ihrer Wellenlänge; je höher also die Frequenz, desto kleiner die Wellenlänge, wenn ihre Geschwindigkeit konstant bleibt.

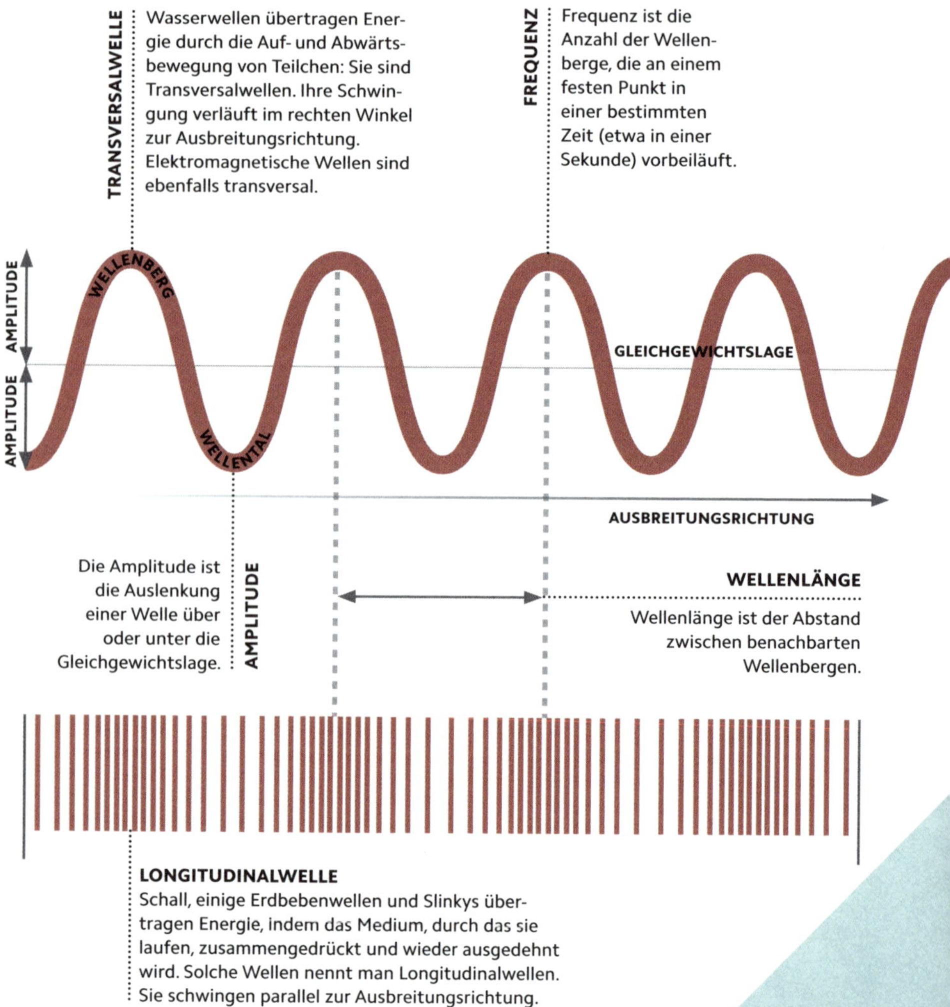

# BERGE UND TÄLER

Kleine Wellen auf einem Teich, Radiosignale, Schall und Erdbeben scheinen wenig gemeinsam zu haben, aber sie sind alle Wellen: sich ausbreitende Störungen, die Energie übertragen. Es gibt zwei Haupttypen: mechanische und elektromagnetische. Bei einer mechanischen Welle ist die Störung materiell, während sie bei einer elektromagnetischen Welle (siehe S. 70–71) aus elektrischen und magnetischen Feldern besteht. Mechanische Wellen benötigen ein materielles Medium, durch das sie sich bewegen, elektromagnetische Wellen hingegen nicht.

**WELLENREFLEXION**

Alle Wellen können an einer festen Grenzfläche reflektiert werden – deshalb hört man in einem Gebirgstal ein Echo und sieht in einem Spiegel ein Spiegelbild.

**WELLENBRECHUNG**

Eine Welle wird gebrochen, d.h. in ihrer Richtung abgelenkt, wenn sie in ein Medium eintritt, in dem die Ausbreitungsgeschwindigkeit anders ist. So wird Licht gebrochen, das aus der Luft in Glas eintritt.

# PULSIERENDER DRUCK

Schall ist eine Form der mechanischen Welle – eine Schwingung in Materie. Während die Teilchen einer Wasserwelle rechtwinklig zur Ausbreitungsrichtung der Welle schwingen, ist der Schall eine Longitudinalwelle, bei der die Teilchen parallel zur Ausbreitungsrichtung schwingen. Wie alle mechanischen Wellen wird Schall durch Teilchen übertragen – er kann sich nicht im Vakuum ausbreiten. In der Luft bewegt sich der Schall mit 1200 km/h. In Flüssigkeiten und Festkörpern, die aus dichter gepackten Teilchen bestehen, ist er schneller: In Metallen ist die Schallgeschwindigkeit z.B. etwa 18 000 km/h.

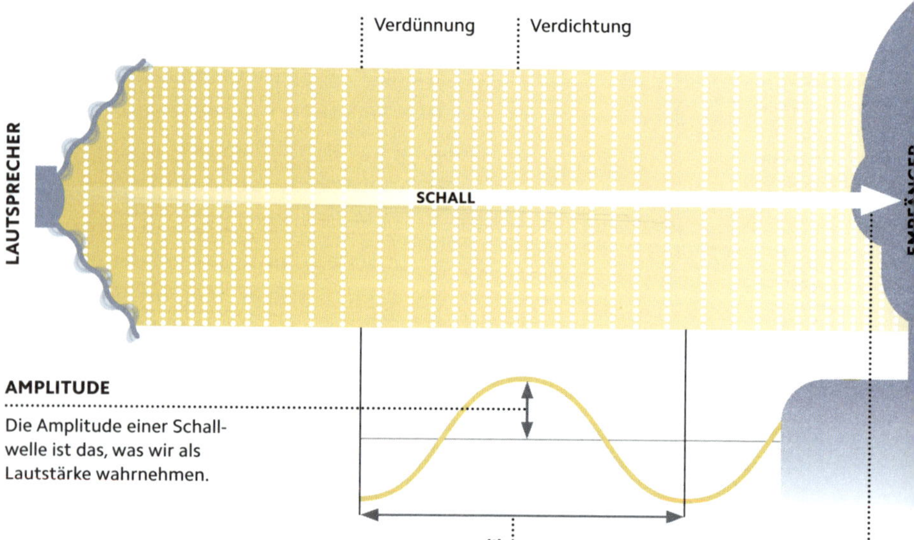


Die Wellenlänge – der Abstand zwischen aufeinanderfolgenden Dichtemaxima – bestimmt die Tonhöhe des Klangs.

Die Wellen der Verdünnung und Verdichtung breiten sich vom Lautsprecher weg aus.

**Verdichtung und Verdünnung**

Die Membran eines Lautsprechers schwingt vor und zurück. Wenn sie sich nach vorn bewegt, verdichtet sie die Luft, und wenn sie sich zurückbewegt, erzeugt sie ein Volumen mit geringerem Druck (Verdünnung). Diese Verdichtungen und Verdünnungen wandern durch die Luft und wir hören sie als Schall.

# SICHTBARER BEWEIS

Wasserwellen und einige andere mechanische Wellen kann man direkt beobachten, aber warum wird Licht als eine Welle betrachtet? Der Beweis stammt aus Studien über ein Phänomen namens Beugung: die Art der Ausbreitung an Kanten oder durch Öffnungen. Beugung tritt bei allen Arten von Wellen auf und wurde erstmals im 16. Jahrhundert beim Licht beobachtet. Dies belegt, dass auch das Licht wellenartige Eigenschaften hat.

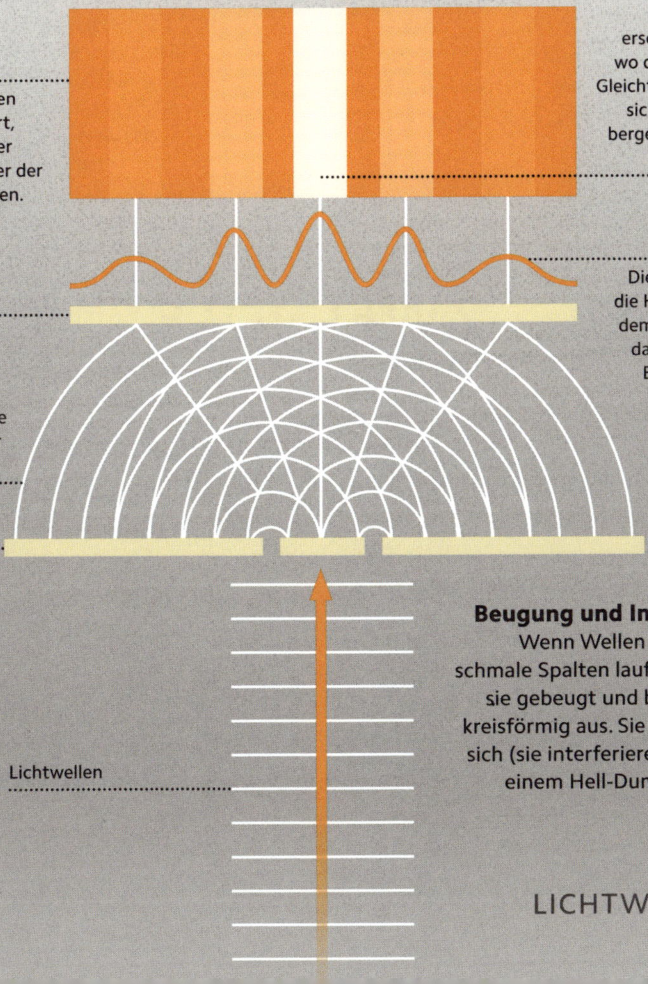


**Beugung und Interferenz**
Wenn Wellen durch zwei schmale Spalten laufen, werden sie gebeugt und breiten sich kreisförmig aus. Sie überlagern sich (sie interferieren) dann zu einem Hell-Dunkel-Muster.

**FELDSTÄRKE**
Das Feld ist am stärksten an den Polen, was durch dicht gepackte Feldlinien angezeigt wird.

**RICHTUNG**
Konventionell verlaufen die Feldlinien vom Nord- zum Südpol.

**POLE**
Alle Magnete haben zwei Pole: Nord- und Südpol. Der Südpol zieht den Nordpol eines anderen Magneten an.

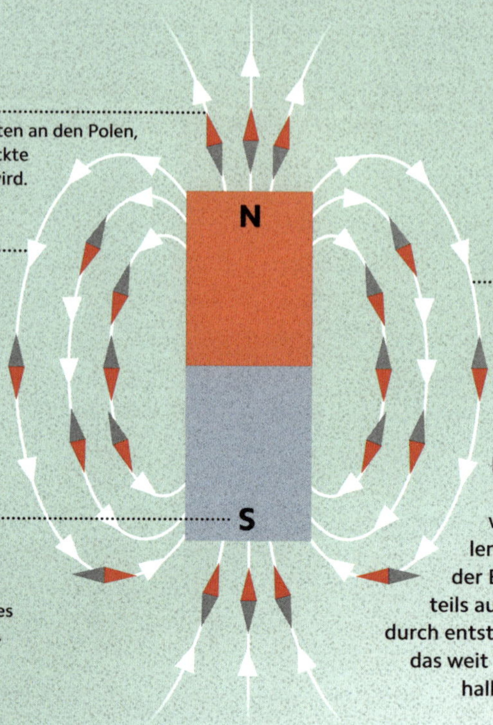


Diese Linien sind eine visuelle Darstellung des Magnetfelds. Sie zeigen an jedem Punkt die Richtung der Kraft an.
**FELDLINIEN**

**Dauermagnet**
Ein Dauermagnet besteht aus magnetischen Materialien wie Seltenerdmetallen, in denen die Spins der Elektronen größtenteils ausgerichtet sind. Dadurch entsteht ein Magnetfeld, das weit in den Raum außerhalb des Metalls reicht.

# ZWEI POLE

Magnetismus ist eine Kraft, die über Entfernungen auf Objekte wirkt, ohne dass sie physisch Kontakt haben müssen. Der Bereich um ein magnetisches Objekt, in dem diese Kraft wirkt, heißt Magnetfeld. Es wird durch die Bewegung geladener Teilchen erzeugt. Einige geladene Teilchen, etwa Elektronen, haben eine Eigenschaft, die man Spin nennt – sie verhalten sich so, als ob sie rotieren. Dieser Spin erzeugt ein Magnetfeld. In den meisten Stoffen sind die Teilchenspins zufällig ausgerichtet, sodass insgesamt kein Magnetfeld vorhanden ist. In magnetischen Materialien wie Eisen und Nickel können die Spins aber so ausgerichtet sein, dass sie sich zu einem starken Gesamtfeld addieren.

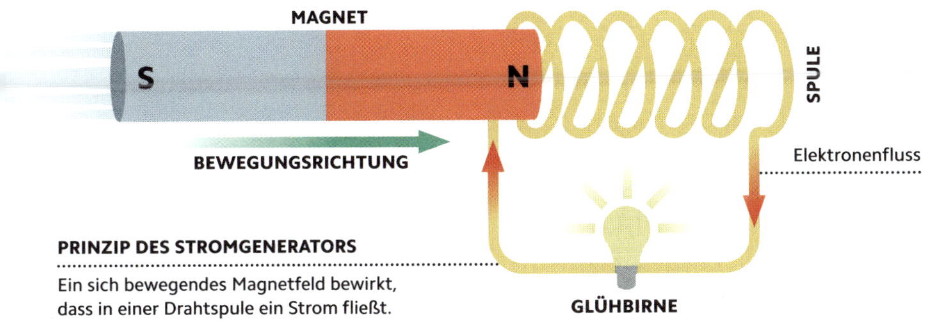


**PRINZIP DES STROMGENERATORS**

Ein sich bewegendes Magnetfeld bewirkt, dass in einer Drahtspule ein Strom fließt.

# FELDER UND STRÖME

Genauso wie der Spin eines Elektrons ein Magnetfeld erzeugt (siehe gegenüber), tut dies auch ein Elektronenstrom durch einen Leiter wie einen Kupferdraht. Umgekehrt induziert ein sich bewegender Magnet einen elektrischen Strom in einem Leiter, der sich in seinem Magnetfeld befindet. Diese sich ergänzenden Beobachtungen zeigen, dass Elektrizität und Magnetismus zwei Aspekte eines einzigen Phänomens sind, das man Elektromagnetismus nennt. Er ist eine Grundkraft (siehe S. 72–73) und sorgt nicht nur dafür, dass Elektromotoren und Generatoren funktionieren, sondern liegt auch dem Wesen elektromagnetischer Wellen wie etwa Licht und Radiowellen zugrunde (siehe S. 70–71).

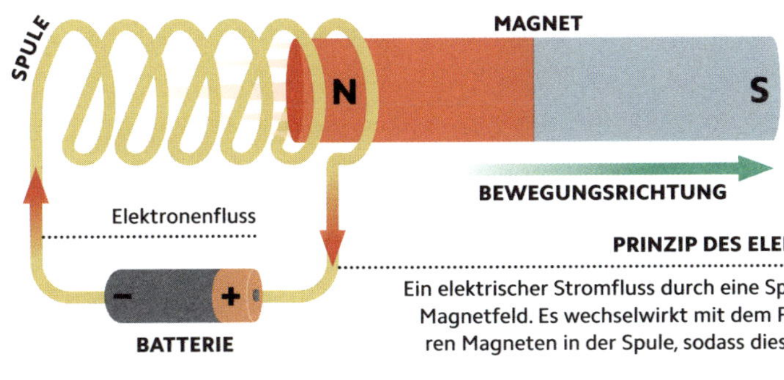


**PRINZIP DES ELEKTROMOTORS**

Ein elektrischer Stromfluss durch eine Spule erzeugt ein Magnetfeld. Es wechselwirkt mit dem Feld eines anderen Magneten in der Spule, sodass dieser sich bewegt.

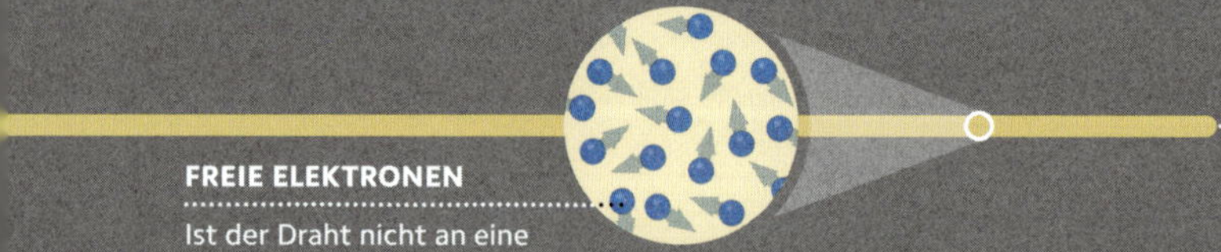

# LADUNGEN AUF REISE

Strom ist die Rate, mit der geladene Teilchen durch ein Medium fließen. Dies können Ionen (siehe S. 18) oder Protonen sein, aber in vielen Fällen sind es Elektronen. Medien, in denen solche Teilchen strömen können, nennt man Leiter, solche, die den Fluss verhindern, heißen Isolatoren. Metalle wie Kupfer sind Leiter, weil sie Unmengen Elektronen enthalten, die nur lose an Atome gebunden sind. Wenn man die Pole einer Batterie mit einem Draht verbindet, strömen Elektronen: Ein elektrischer Gleichstrom fließt.

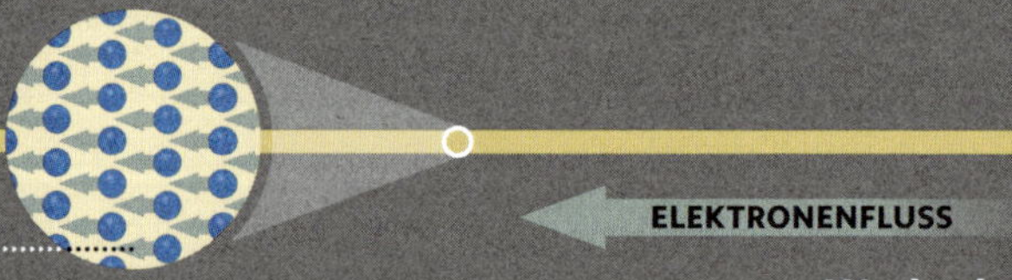


**Wechselstrom**
Eine Batterie schiebt Elektronen in eine Richtung durch einen Stromkreis, aber Generatoren, die über das Stromnetz die Haushalte versorgen, bewegen die Elektronen hin und her. Ein solcher Wechselstrom ist leichter über große Entfernungen zu übertragen.

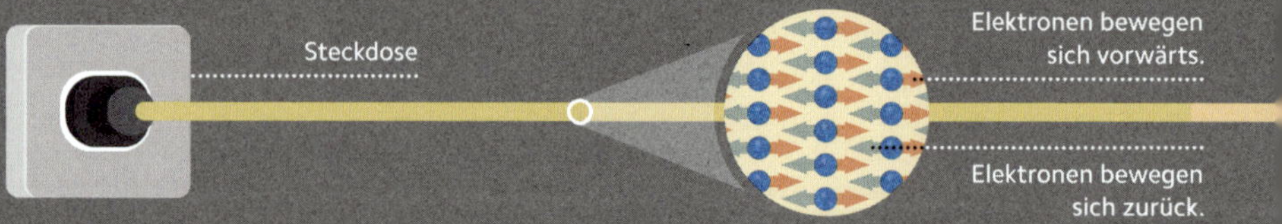

# GETRENNTE LADUNGEN

Ein Atom besteht aus einem positiv geladenen Kern, umgeben von einer Wolke von negativ geladenen Elektronen. Ein normales Atom hat keine Gesamtladung. Manchmal können Atome jedoch Elektronen hinzugewinnen oder abgeben. Sogar durch Reibung werden Elektronen von einem Atom auf ein anderes übertragen, etwa wenn man einen Luftballon an Wolle reibt oder wenn Luftmoleküle in turbulenten Wolken aneinander reiben. Solche getrennten Ladungen nennt man statische Elektrizität. Sie kann dazu führen, dass sich Dinge anziehen. Beim Ausgleich der Ladungen kann ein Funke, z. B. ein Blitz, entstehen.

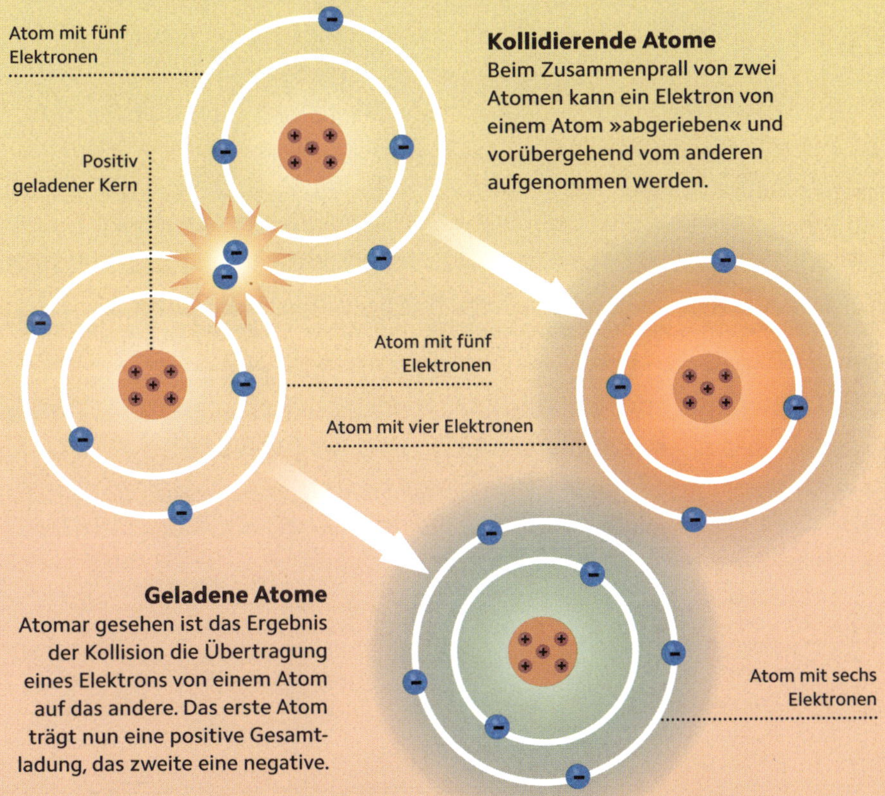


**Kollidierende Atome**
Beim Zusammenprall von zwei Atomen kann ein Elektron von einem Atom »abgerieben« und vorübergehend vom anderen aufgenommen werden.

**Geladene Atome**
Atomar gesehen ist das Ergebnis der Kollision die Übertragung eines Elektrons von einem Atom auf das andere. Das erste Atom trägt nun eine positive Gesamtladung, das zweite eine negative.

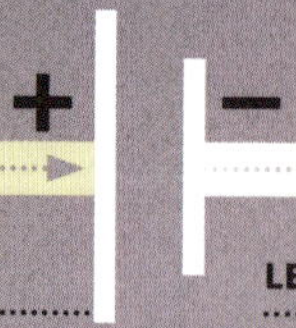


**STROMQUELLE**

Eine Batterie oder eine andere Gleich- oder Wechselstromquelle treibt Elektronen durch einen Stromkreis. Die Elektronen wandern vom negativen zum positiven Pol. Die elektromotorische Kraft, die die Elektronen antreibt, misst man in Volt (V).

**LEITER**

Er leitet Elektronen durch den Stromkreis und hat einen geringen Widerstand. Die Menge der Elektronen, die in einer bestimmten Zeit an einem Punkt des Stromkreises vorbeifließt, nennt man Stromstärke (oder kurz: Strom), gemessen in Ampere (A).

# IMMER IM KREIS

Stromkreise sind für alle elektrischen Geräte von zentraler Bedeutung. Wie der Name andeutet, müssen sie geschlossen sein, damit Strom fließen kann. Jeder Stromkreis besteht aus drei grundlegenden Teilen: einer Stromquelle, die Elektronen einspeist, einem Leiter wie Kupferdraht, der sie transportiert, und einer Last, die eine bestimmte Funktion erfüllt und einen elektrischen Widerstand hat. Die Last ist zum Beispiel eine Glühbirne oder ein Schaltkreis, also ein verzweigtes Stromkreissystem aus Bauteilen wie Widerständen, Kondensatoren, Dioden und Transistoren, welches Funktionen wie Verstärkung oder logische Operationen ausführt. Komplexe Geräte bestehen meist aus mehreren Schaltkreisen.

Elektroingenieure verwenden Standardsymbole, um die verschiedenen Bauteile in einem Stromkreis darzustellen. Dieses Symbol steht für eine Glühbirne.

**SCHALTKREISSYMBOLE**

Die Last setzt dem Elektronenfluss einen Widerstand entgegen und dieser erzeugt Wärme, weshalb Geräte bei Gebrauch warm werden. Der Widerstand wird in Ohm (Ω) gemessen.

**LAST**

# DOTIERTE KRISTALLE

Bestimmte Kristalle wie Silizium nennt man Halbleiter, weil sie unter Normalbedingungen elektrische Isolatoren sind, aber beim Erhitzen Strom leiten. Durch Dotierung – die Beimischung von Atomen anderer Elemente in ihre Kristalle – verändern sich ihre elektrischen Eigenschaften. Dies nutzt man für Bauteile wie Dioden und Transistoren aus.

**Hinzugefügte Verunreinigungen**

Ein Siliziumatom hat vier Elektronen in der Valenzschale. In einem Siliziumkristall geht jedes Atom vier kovalente Bindungen mit seinen Nachbarn ein (siehe S. 19). Da alle Elektronen an Bindungen teilnehmen, gibt es keine beweglichen Ladungen, die den Strom leiten können: Silizium verhält sich wie ein Isolator.

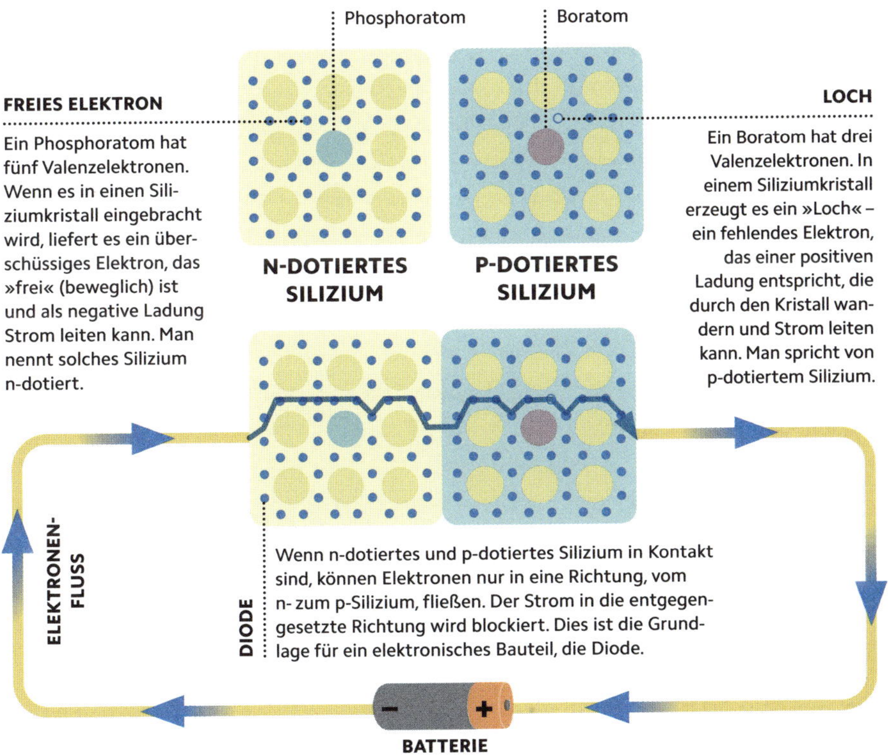

**n-p-n-Transistor**
Dieser Transistor besteht aus einem p-dotierten Halbleiter zwischen zwei n-Halbleitern. Das entspricht zwei Dioden, die gegeneinander geschaltet sind (siehe S. 67). Seine drei Anschlüsse nennt man Kollektor, Basis und Emitter. Einzelne Transistoren (links) werden immer noch in vielen Geräten verwendet.

# WINZIGE SCHALTER

Die heutige Elektronik beruht auf Halbleiterbauelementen, den Transistoren. Sie können ein Signal verstärken oder einen Strom zwischen zwei Anschlüssen ein- oder ausschalten, je nach der Spannung am dritten Anschluss. Schaltungen mit vielen Transistoren in bestimmten Konfigurationen können einfache logische Funktionen ausführen, wie Addition und Subtraktion oder den Vergleich eines Eingangs mit einem anderen. Kombiniert, miniaturisiert und zu Millionen auf Siliziumchips geätzt, bilden solche Schaltungen die leistungsfähigen Prozessoren in digitalen Computern.

**Der Transistor als Schalter**
Wenn eine Spannung zwischen Kollektor und Emitter anliegt, fließt kein Strom. Legt man jedoch eine kleine Spannung zwischen Basis und Emitter an, wird der Transistor eingeschaltet: Ein größerer Strom fließt nun zwischen Kollektor und Emitter.

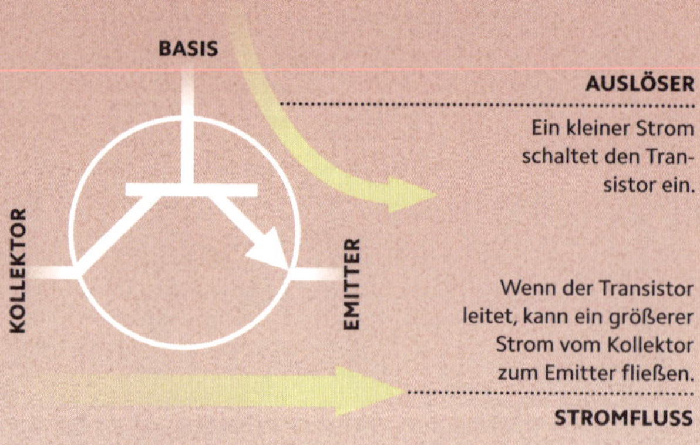

## STUFEN DER KÜNSTLICHEN INTELLIGENZ

**Schwache KI**
Sie übertrifft die menschliche Intelligenz für einen einzigen, begrenzten Zweck, z. B. für die Gesichtserkennung, die Identifizierung von Krebszellen in Gewebeproben, das Schachspiel oder als Chatbot.

**Allgemeine oder starke KI**
Diese KI kann bereits gewonnene Daten und Problemlösungsfähigkeiten in neuen Situationen nutzen, ohne dass sie neu programmiert werden muss. Ihre Lern- und Problemlösungsfähigkeiten entsprechen denen eines Menschen. Eine solche KI gibt es noch nicht.

**Super-KI**
Die kognitive Leistung einer solchen KI übertrifft die des Menschen weit. Sie hat eigene Absichten und Gefühle und abstrahiert weit über den menschlichen Verstand hinaus. Solche KIs gibt es längst noch nicht.

# NACHGEAHMTER GEIST

Die Zahl der Transistoren auf einem einzigen integrierten Schaltkreis hat sich seit etwa 1970 alle zwei Jahre verdoppelt – diesen Trend nennt man Mooresches Gesetz. So wurden Computer immer schneller und erschwinglicher. Dennoch blieben sie in gewisser Weise begrenzt, da sie vor allem vorgegebene Anweisungen ausführen. Durch jüngste Fortschritte können Maschinen eher wie der menschliche Geist arbeiten – sie passen sich an und lernen, Entscheidungen zu treffen. Formen dieser künstlichen Intelligenz (KI) können heute aus großen Datenmengen Prinzipien extrahieren und sie anwenden, aber das Potenzial der KI ist weitaus größer. Eine zukünftige, wirklich autonome KI könnte der Menschheit große Vorteile bringen oder ihre Existenz gefährden.

## Was sind elektromagnetische Wellen?

Eine schwingende Ladung erzeugt ein schwingendes elektrisches Feld, dieses erzeugt ein schwingendes Magnetfeld und dieses wiederum ein elektrisches Feld usw. So erhalten sich die Felder gegenseitig und übertragen Energie als elektromagnetische Welle.

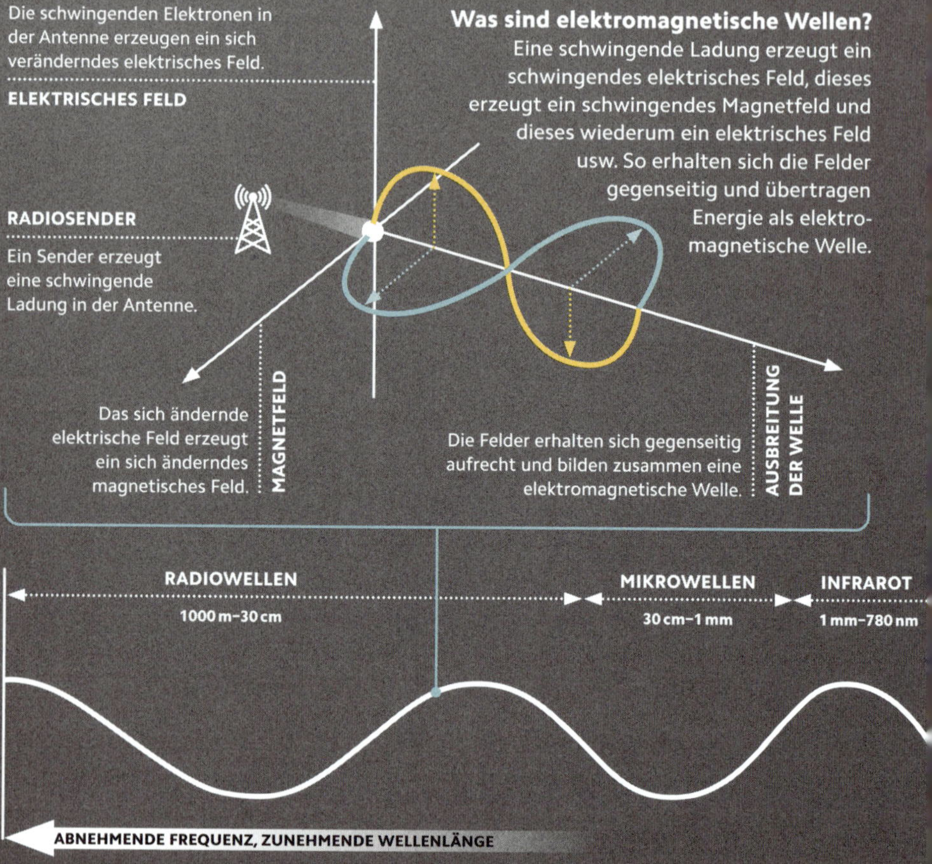


### Das Spektrum

Die verschiedenen Frequenzen der elektromagnetischen Strahlung stellt man als Spektrum dar. Nur ein kleiner Bereich entspricht dem sichtbaren Licht. Je höher die Frequenz der Wellen, desto höher ist ihre Energie: Röntgen- und Gammastrahlen haben genug Energie, um lebende Zellen zu durchdringen und zu schädigen.

> **Die Wellenlänge des sichtbaren Lichts ist etwa so groß wie ein Virus.**

# SURFEN IM SPEKTRUM

Mechanische Wellen wie Schall oder Wasserwellen haben verschiedene Frequenzen und Wellenlängen (siehe S. 58–59). Das Gleiche gilt für elektromagnetische (EM) Wellen, die schwingende elektrische und magnetische Felder darstellen. Licht, Radiowellen, Mikrowellen, Röntgen- und Gammastrahlen sind verschiedene Formen elektromagnetischer Strahlung, die durch ihre Frequenz – und damit ihre Wellenlänge – definiert sind. Sie alle bewegen sich mit einer Geschwindigkeit von 300 000 000 Metern pro Sekunde im Vakuum. Wie alle Wellen werden sie reflektiert und gebrochen, wenn sie von einem Medium in ein anderes mit einer anderen Ausbreitungsgeschwindigkeit übergehen.

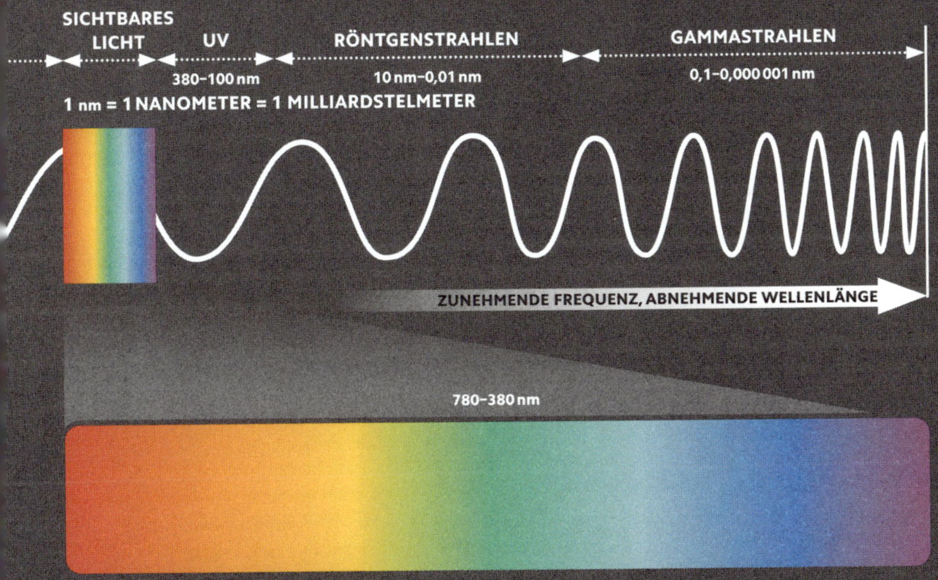


**Sichtbares Licht**
Farbe ist keine inhärente Eigenschaft elektromagnetischer Strahlung. Vielmehr nimmt unser Gehirn verschiedene Wellenlängen von Licht als unterschiedliche Farben wahr.

# KRÄFTE DER NATUR

Das Verhalten aller Materie wird durch Wechselwirkungen zwischen den Elementarteilchen (siehe S. 74–75) bestimmt. Es gibt vier fundamentale Wechselwirkungen oder Grundkräfte: die starke, die schwache und die elektromagnetische Wechselwirkung sowie die Gravitation. Die ersten drei werden durch Quantentheorien (siehe S. 76–79) beschrieben und werden durch den Austausch von flüchtigen »virtuellen« Teilchen, den Eichbosonen, vermittelt und übertragen. Die Gravitation wurde noch nicht durch eine Quantentheorie beschrieben. Sie wird bisher am besten durch die allgemeine Relativitätstheorie (siehe S. 81) erklärt, aber ein Eichboson, das Graviton, könnte noch entdeckt werden.

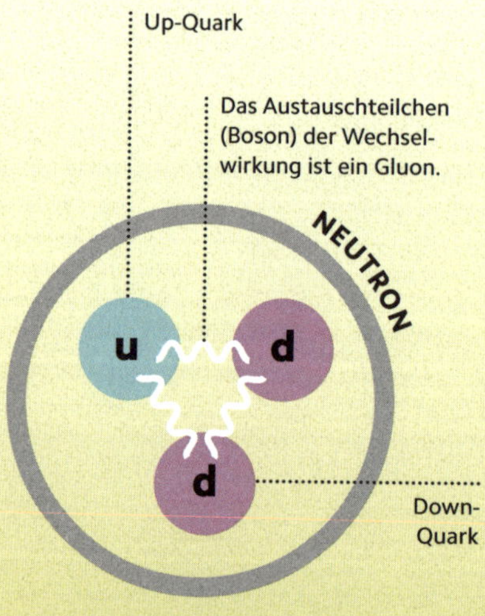


**Starke Wechselwirkung**
Diese Kraft wirkt auf sehr kurze Distanzen – etwa die Größe eines mittelgroßen Atomkerns. Sie wirkt auf Quarks und hält sie zusammen, sodass sie Hadronen (wie Protonen und Neutronen) bilden.

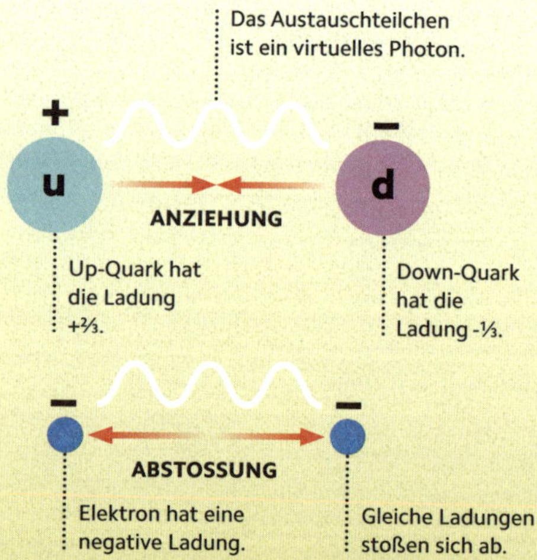


**Elektromagnetische Wechselwirkung**
Diese Kraft wirkt auf alle geladenen Teilchen und kann anziehend oder abstoßend sein. Sie ist dafür verantwortlich, dass Atome und Moleküle zusammengehalten werden. Sie ist nur etwa 0,007-mal so stark wie die starke Wechselwirkung.

> **Die starke Wechselwirkung ist die stärkste Kraft im Universum: 100 Billionen Billionen Billionen Mal so stark wie die Schwerkraft.**

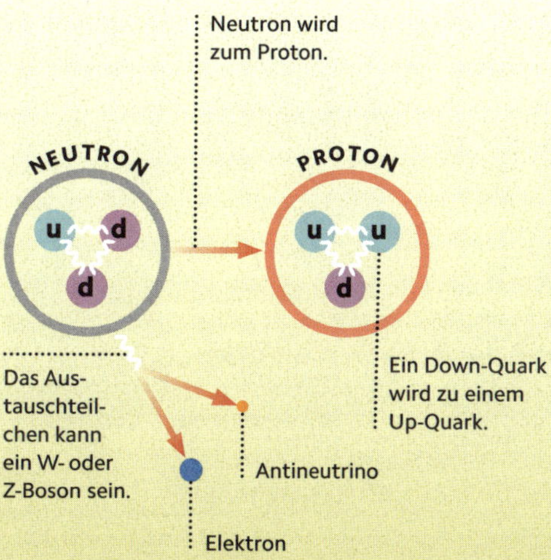


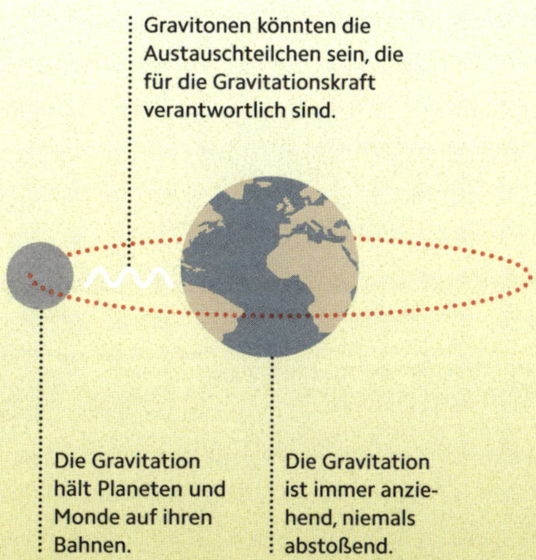


**Schwache Wechselwirkung**
Sie ist etwa eine Million Mal schwächer als die starke Kraft. Sie wirkt nur über sehr kurze Entfernungen: weniger als den Durchmesser eines Protons. Sie ist am Zerfall bestimmter subatomarer Teilchen beteiligt, etwa am Zerfall von Neutronen zu Protonen.

**Gravitation (Schwerkraft)**
Sie bewirkt die Anziehung zwischen Massen. Sie hat nur einen winzigen Bruchteil der Stärke der starken Kraft, wirkt aber über große Entfernungen. Bis heute gibt es keine Quantentheorie der Gravitation.

**Elementare Fermionen**
Zu diesen Teilchen gehören Elektronen sowie Up- und Down-Quarks, die fast die gesamte sichtbare Materie ausmachen. Sie haben einen Spin (eine Art intrinsischen Drehimpuls), der immer einen halbzahligen Wert hat, etwa ½ oder $^{3}/_{2}$.

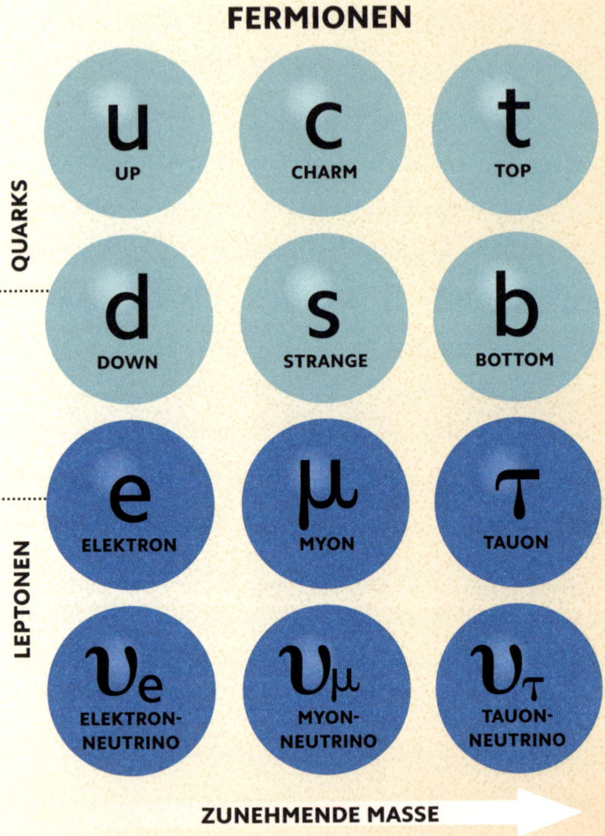


**QUARKS**
Es gibt sechs Arten Quarks mit verschiedener Masse und elektrischer Ladung. Alle unterliegen allen vier fundamentalen Wechselwirkungen.

**LEPTONEN**
Es gibt zwei Klassen von Leptonen, geladene und ungeladene. Allgemein bekannt ist das negativ geladene Elektron. Auf Leptonen wirken alle fundamentalen Wechselwirkungen mit Ausnahme der starken Wechselwirkung.

**Hadronen**
Quarks verbinden sich immer zu größeren Teilchen, den Hadronen. Die bekanntesten und stabilsten sind Protonen und Neutronen.

**NEUTRON** Neutronen bestehen aus einem Up- und zwei Down-Quarks.

**PROTON** Protonen bestehen aus zwei Up- und einem Down-Quark.

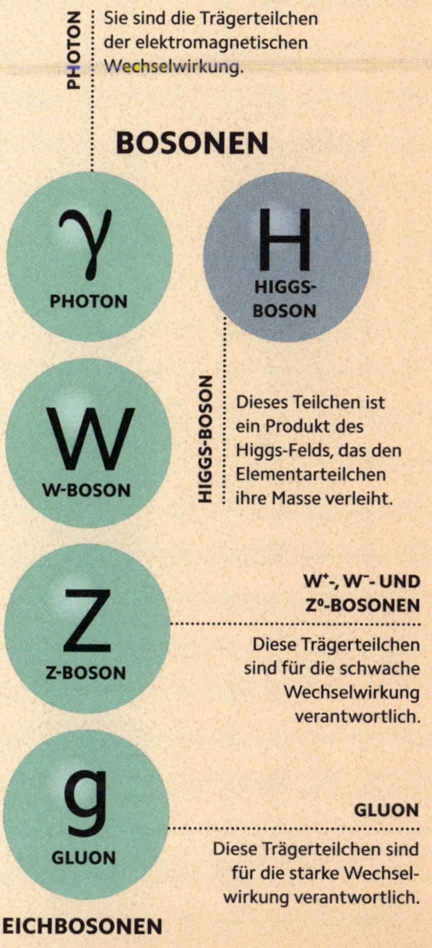


# AM KLEINSTEN

Materie besteht letztlich aus elementaren oder fundamentalen Teilchen, die sich nicht weiter in kleinere Komponenten aufteilen lassen. Die derzeitige Theorie, die die Teilchen und ihre Wechselwirkungen beschreibt, nennt man Standardmodell. Dieses Modell kennt nur zwei Typen von Elementarteilchen: elementare Fermionen und elementare Bosonen. Fermionen nehmen Raum ein und werden daher als Materieteilchen betrachtet. Bosonen nehmen keinen Raum ein, sind aber für die fundamentalen Kräfte oder »Wechselwirkungen« der Materie verantwortlich (siehe S. 72–73).

**Elementare Bosonen**
Bosonen sind Teilchen, deren Spin immer ganzzahlig ist. Vier der Elementarbosonen sind Eichbosonen, also Trägerteilchen für eine Wechselwirkung. Das fünfte Boson verleiht den Elementarteilchen ihre Masse.

**Zu jedem Fermion gibt es ein Antiteilchen mit entgegengesetzter Ladung, es gibt also insgesamt 24 Fermionen.**

# IN STUFEN

So, wie die Newtonschen Gesetze (siehe S. 52) das Verhalten von Objekten in gewöhnlichen Größenordnungen beschreiben, befasst sich die Quantenmechanik mit Materie und Energie auf atomarer und subatomarer Ebene. Ihr zufolge ändern sich Größen wie Energie und Impuls nicht kontinuierlich, sondern in diskreten oder »quantisierten« Werten, und Objekte wie Photonen und Elektronen verhalten sich mal als Teilchen, mal als Welle, aber nicht beides gleichzeitig. Während die klassische Physik eindeutige Aussagen macht, liefert die Quantenmechanik Wahrscheinlichkeiten. Sie sagt das Verhalten von Teilchen mathematisch sehr gut voraus, führt aber auch zu Ideen, die paradox erscheinen, etwa dass Teilchen »verschränkt« sein können, sodass ihre Eigenschaften koordiniert sind, auch wenn sie weit voneinander entfernt sind.

> **»Wie wunderbar, dass wir auf ein Paradoxon gestoßen sind.«**
> Niels Bohr

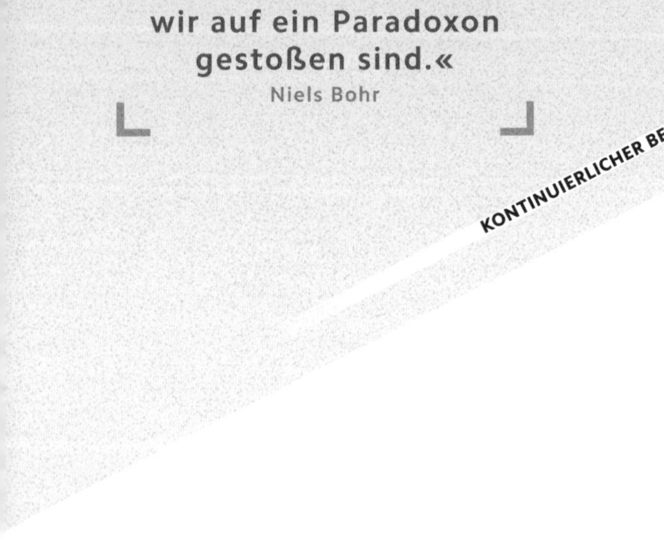


**Kontinuierliche Werte**
In der klassischen Physik wird Energie in einem kontinuierlichen Bereich von Werten freigesetzt oder aufgenommen. Dies ist vergleichbar mit einer Person, die eine Rampe hinaufläuft und dabei beliebig viele Positionen auf der Rampe einnehmen kann.

Licht kann Elektronen zu höheren Energieniveaus anregen. Sie geben Photonen ab, wenn sie in ihren Grundzustand zurückfallen.

## Emissionsspektren

Die Quantenphysik lässt sich an den Emissionsspektren von Atomen beobachten. Wenn sie durch Photonen angeregt werden, gewinnen die Elektronen eines Atoms Energie und springen auf ein höheres Orbital (siehe S. 79). Wenn sie dann in ihren Grundzustand zurückfallen, geben sie ein Photon ab. Die von dem Photon übertragene Energiemenge ist quantisiert und immer gleich, sodass auch die Farbe des emittierten Lichts immer gleich ist.

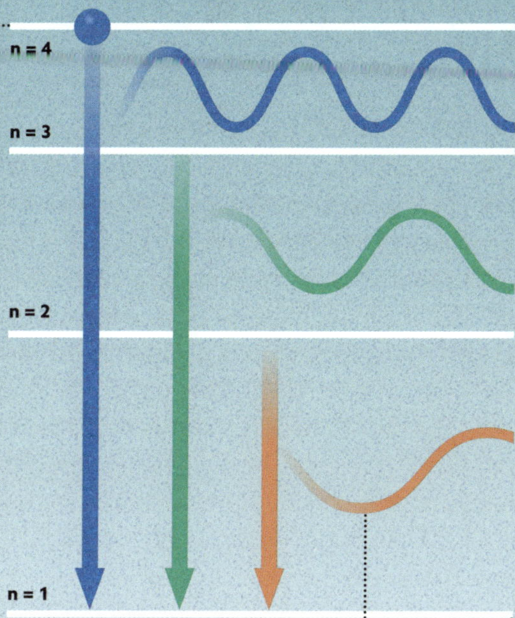


Die Wellenlänge, und damit auch die Farbe des ausgesandten Lichts, kann nur bestimmte quantisierte Werte annehmen.

Energieniveau eines Elektronenorbitals

So, wie die Materie in »Teilchen« quantisiert ist, sind es auch einige Arten von Energie.

**QUANTENSPRÜNGE DER ENERGIE**

## Quantisierte Werte

Nach der Quantentheorie ist die elektromagnetische Energie quantisiert – sie kann nur in Paketen oder Quanten mit einem diskreten Wert abgegeben oder aufgenommen werden. Das ist so, als würde man eine Treppe aus Stufen mit bestimmter Höhe hinaufsteigen.

# WELLEN DES MÖGLICHEN

Auf der Quantenebene verhalten sich Entitäten wie Elektronen, die man früher als diskrete, an einem Punkt lokalisierte Teilchen ansah, auch wie Wellen, und andere Entitäten wie Licht, die rein als ausgebreitete Wellen galten, verhalten sich auch wie Teilchen. Ein Quantenteilchen hat keinen bestimmten Ort und Impuls, vielmehr sind seine Eigenschaften im Raum verteilt. Man beschreibt sie durch eine Wellenfunktion – eine mathematische Gleichung für die Wahrscheinlichkeit, wo sich das Teilchen zu einer bestimmten Zeit befindet. Sobald das Teilchen mit etwas wechselwirkt und z. B. gemessen wird, ändert sich die Wellenfunktion: Sie »kollabiert« und gibt an, wo sich das Teilchen befindet.

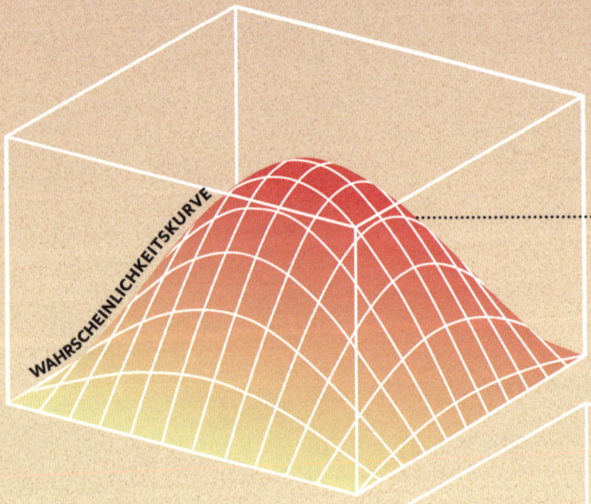


**VOR DER MESSUNG**

Ein Bereich möglicher Zustände für ein Teilchen – eine sogenannte »Superposition« von Zuständen – entwickelt sich mit der Zeit. Dieses Diagramm zeigt die Wahrscheinlichkeiten, ein Teilchen an verschiedenen Orten in einem Kasten zu finden.

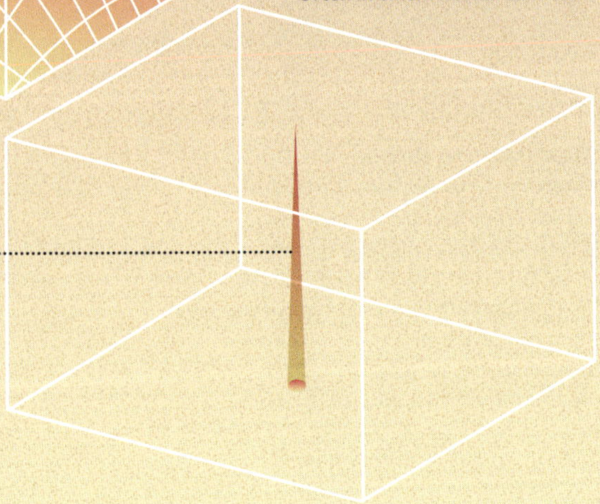

**NACH DER MESSUNG**

In dem Moment, in dem eine Messung durchgeführt wird, wird die Superposition auf einen einzigen, eindeutigen Zustand reduziert. In diesem Beispiel ist dann der Ort des Teilchens in der Box bekannt.

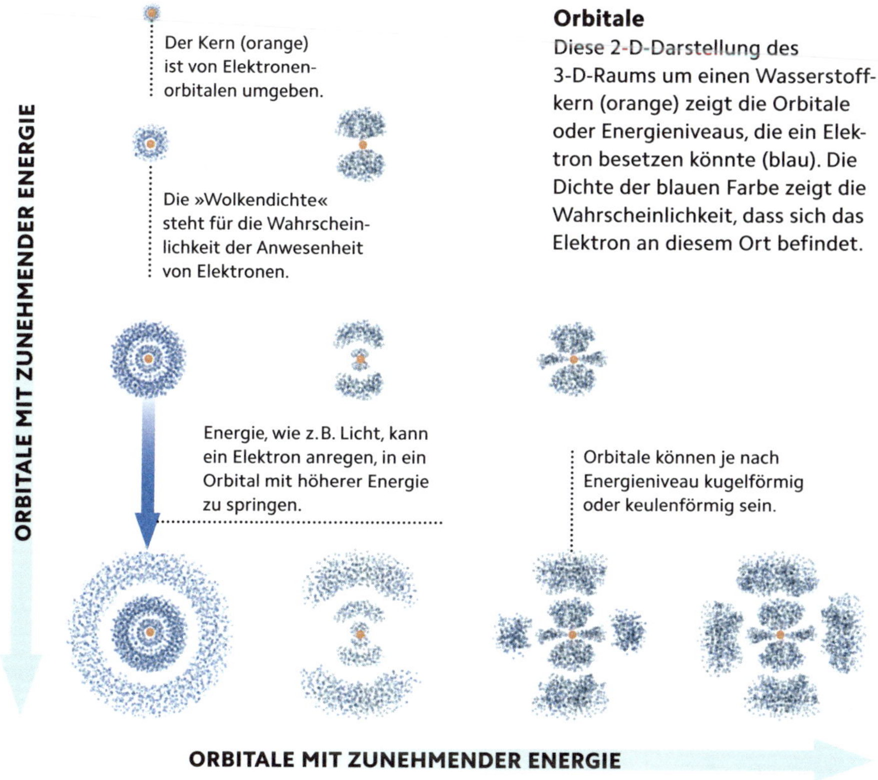


**Orbitale**
Diese 2-D-Darstellung des 3-D-Raums um einen Wasserstoffkern (orange) zeigt die Orbitale oder Energieniveaus, die ein Elektron besetzen könnte (blau). Die Dichte der blauen Farbe zeigt die Wahrscheinlichkeit, dass sich das Elektron an diesem Ort befindet.

# EIN NEUES MODELL

Frühe Atommodelle sahen Elektronen um den Kern kreisen, fast wie Planeten um die Sonne. Quantentheoretisch können Elektronen jedoch keine lokalisierten Bahnen haben. Vielmehr beschreiben dreidimensionale mathematische Funktionen, die Orbitale, die Wahrscheinlichkeit für den Aufenthalt eines Elektrons an jedem Punkt. Elektronen in Orbitalen können nur quantisierte, also diskrete Energien haben. Orbitale mit der niedrigsten Energie werden zuerst besetzt. Die Orbitale mit der höchsten Energie, die am weitesten vom Kern entfernt sind, enthalten die Valenzelektronen, die chemische Reaktionen ermöglichen (siehe S. 19).

# ZEIT, RAUM UND BEWEGUNG

Die von Albert Einstein 1905 aufgestellte spezielle Relativitätstheorie erklärt das Verhalten von Objekten, die sich nahe der Lichtgeschwindigkeit bewegen. Sie geht von zwei Voraussetzungen aus: dass die Lichtgeschwindigkeit konstant ist und dass die Naturgesetze in allen Inertialsystemen gleich sind. Inertialsysteme sind Bezugssysteme, in denen Körper, auf die keine Kraft wirkt, ruhen oder sich gleichförmig bewegen. Daraus folgt, dass Zeit- und Raumintervalle, die man zuvor für »absolut«, also unabhängig von Beobachtern, hielt, tatsächlich relative Größen sind, und dass Zeit und Raum miteinander zu einer Raumzeit verwoben sind.

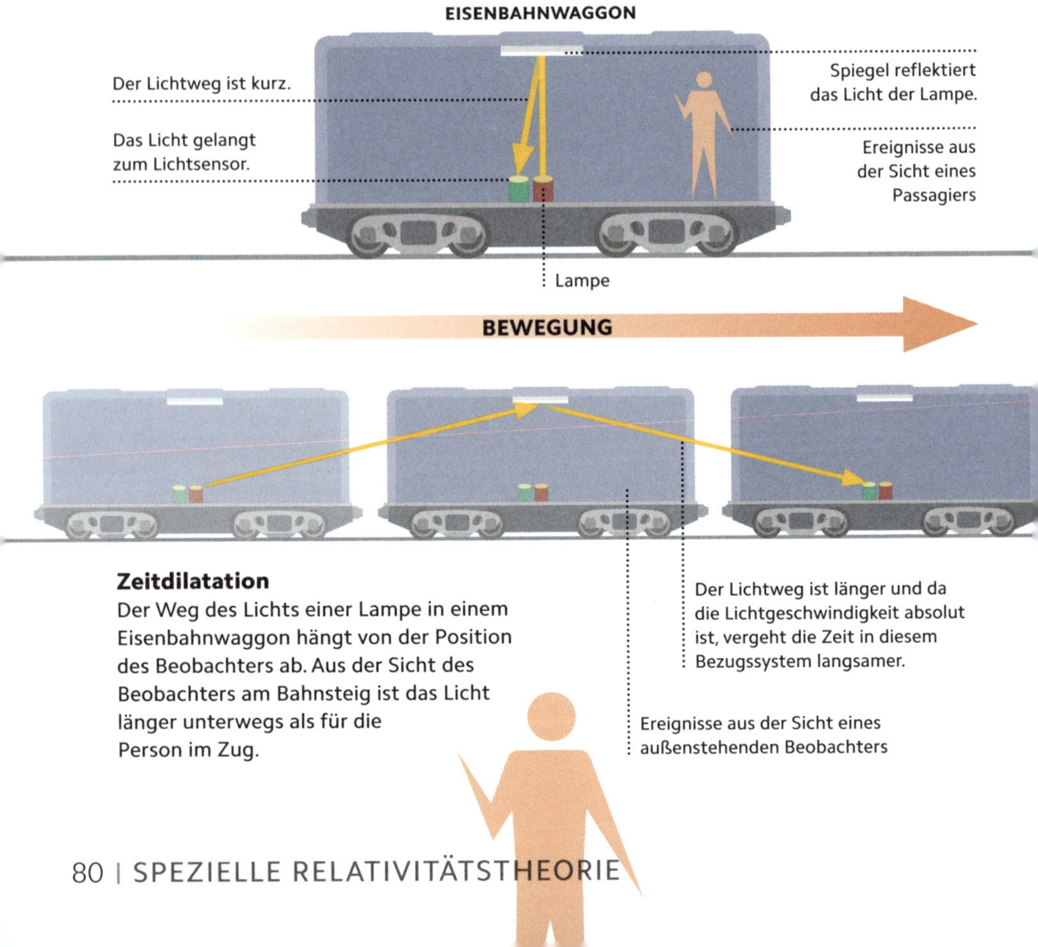


**Zeitdilatation**
Der Weg des Lichts einer Lampe in einem Eisenbahnwaggon hängt von der Position des Beobachters ab. Aus der Sicht des Beobachters am Bahnsteig ist das Licht länger unterwegs als für die Person im Zug.

**Ablenkung des Lichts**
In diesem Diagramm stellt das Liniengitter die vierdimensionale Raumzeit dar. Alles, was Masse hat, verzerrt die Raumzeit – je größer die Masse, desto stärker die Verzerrung. Die Schwerkraft ist die Wirkung, die diese Verzerrung auf andere Dinge hat. Sogar Licht ist davon betroffen.

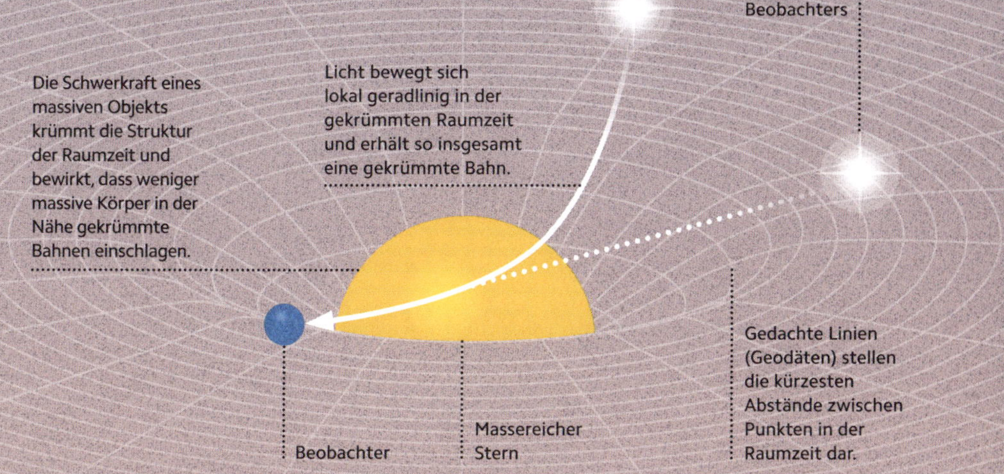


# GEKRÜMMTE RAUMZEIT

Die von Einstein 1915 entwickelte allgemeine Relativitätstheorie erklärt die Gravitation besser als die klassische Physik. Die Gravitation gilt darin nicht als Kraft: Vielmehr entstehen Schwerkrafteffekte dadurch, dass Körper mit Masse oder Energie die Raumzeit krümmen. So nähern sich zwei Objekte, die sich parallel geradlinig bewegen, aufgrund der Krümmung der Raumzeit einander an, als würden sie sich anziehen. Daraus folgt auch, dass Zeit- und Raumintervalle für verschiedene Beobachter nicht gleich sind, wie in der speziellen Relativitätstheorie bereits beschrieben, und dass die Zeit in der Nähe massereicher Körper langsamer abläuft.

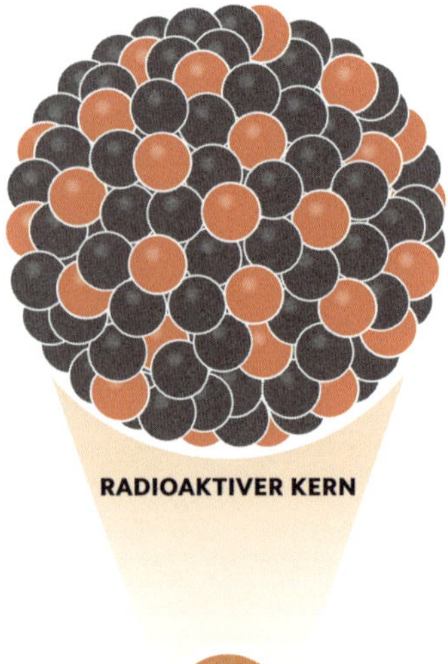


**Strahlungsart**

Instabile Kerne wie Uran-235 (links) können verschiedene Arten von Teilchen und Strahlung mit unterschiedlichen Energien aussenden. Wenn diese in den menschlichen Körper eindringen, können sie schwere Zellschäden verursachen.

> Die Halbwertszeit von Uran-235 beträgt etwa 704 Millionen Jahre.

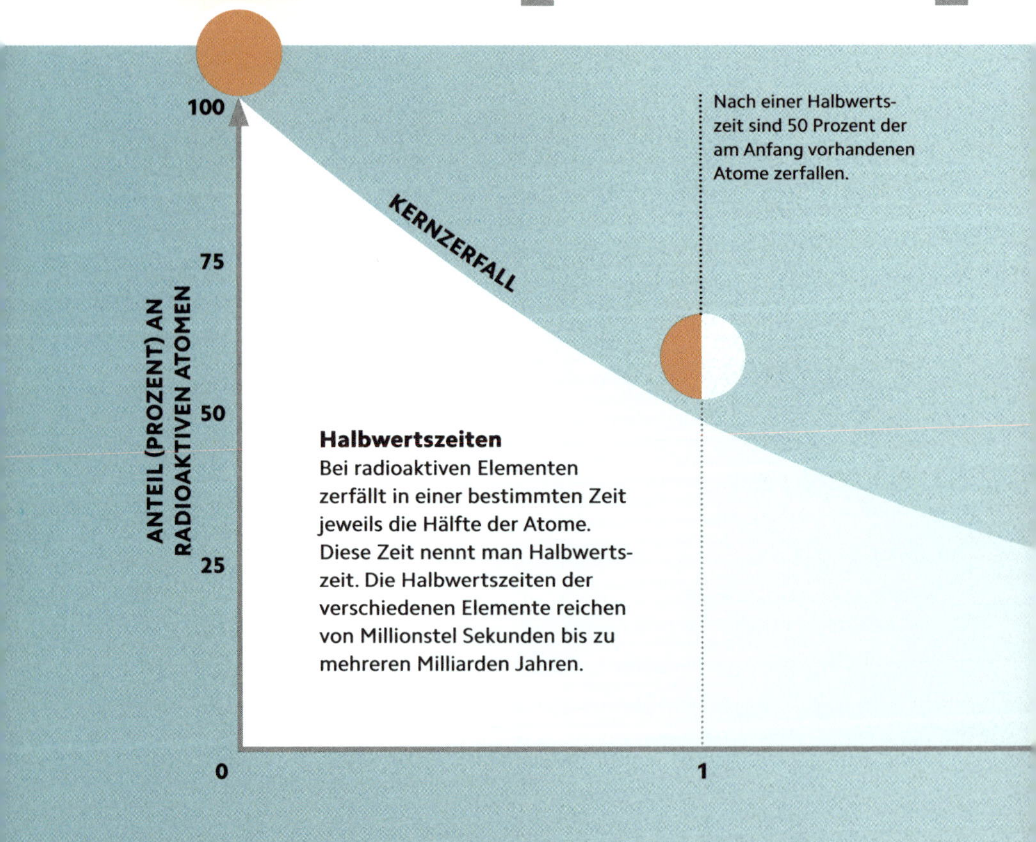


**Halbwertszeiten**

Bei radioaktiven Elementen zerfällt in einer bestimmten Zeit jeweils die Hälfte der Atome. Diese Zeit nennt man Halbwertszeit. Die Halbwertszeiten der verschiedenen Elemente reichen von Millionstel Sekunden bis zu mehreren Milliarden Jahren.

**ALPHATEILCHEN**

Ein radioaktiver Kern, der zu viel Masse hat, sendet ein Alphateilchen aus. Es besteht aus zwei Protonen und zwei Neutronen.

**BETATEILCHEN**

Ein radioaktiver Kern, der zu viele Neutronen enthält, sendet ein Betateilchen aus. Es ist ein schnelles Elektron oder Positron.

**GAMMASTRAHLEN**

Ein radioaktiver Kern, der zu viel Energie enthält, sendet Gammastrahlen aus. Sie sind eine Art der elektromagnetischen Strahlung (siehe S. 70–71).

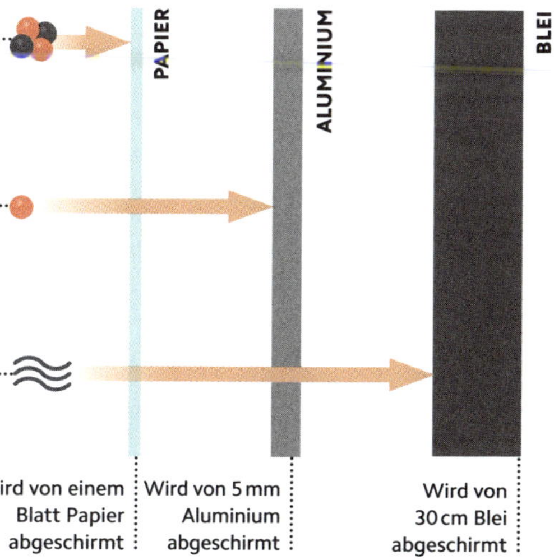


# KERNZERFALL

Der Kern eines Atoms gilt als stabil, wenn die Anzahl der Protonen mit der Anzahl der Neutronen im Gleichgewicht ist. Instabile Kerne zerfallen im Lauf der Zeit und stoßen dabei Materieteilchen oder Energie aus, um eine stabilere Konfiguration zu erreichen. Diese Emission von Energie oder Teilchen nennt man Radioaktivität. Einige radioaktive Elemente wie Uran, Thorium und Radon kommen auf der Erde natürlich vor, während andere wie Plutonium und Americium in Kernreaktoren hergestellt werden oder bei Explosionen entstehen (siehe S. 85).

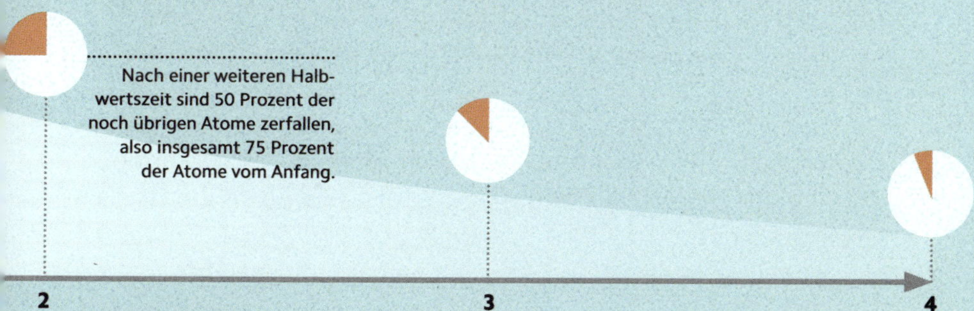

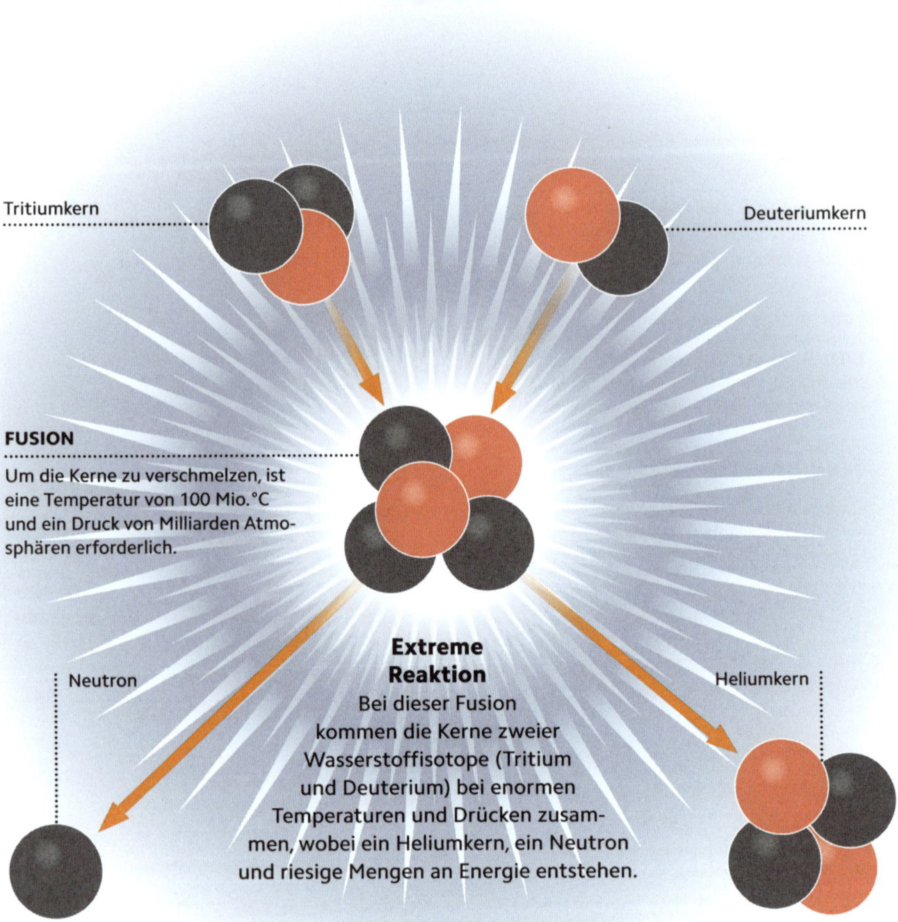


# ATOME VERSCHMELZEN

Zwei leichte Atomkerne, etwa Wasserstoffkerne, können – unter extremen Bedingungen – zu einem schwereren Kern verschmelzen und dabei große Mengen an Energie freisetzen. Dieser Vorgang, den man Kernfusion nennt, liefert die Strahlungsenergie der Sterne, darunter auch die unserer Sonne. Er wurde aber auch schon von Menschen in thermonuklearen Bomben (»Wasserstoffbomben«) und in experimentellen Fusionsreaktoren nachgebildet. Die Fusion setzt Energie frei, weil die Masse der Ausgangskerne größer ist als die Masse der Produkte. Die fehlende Masse wird gemäß Einsteins berühmter Gleichung $E=mc^2$ in Energie umgewandelt.

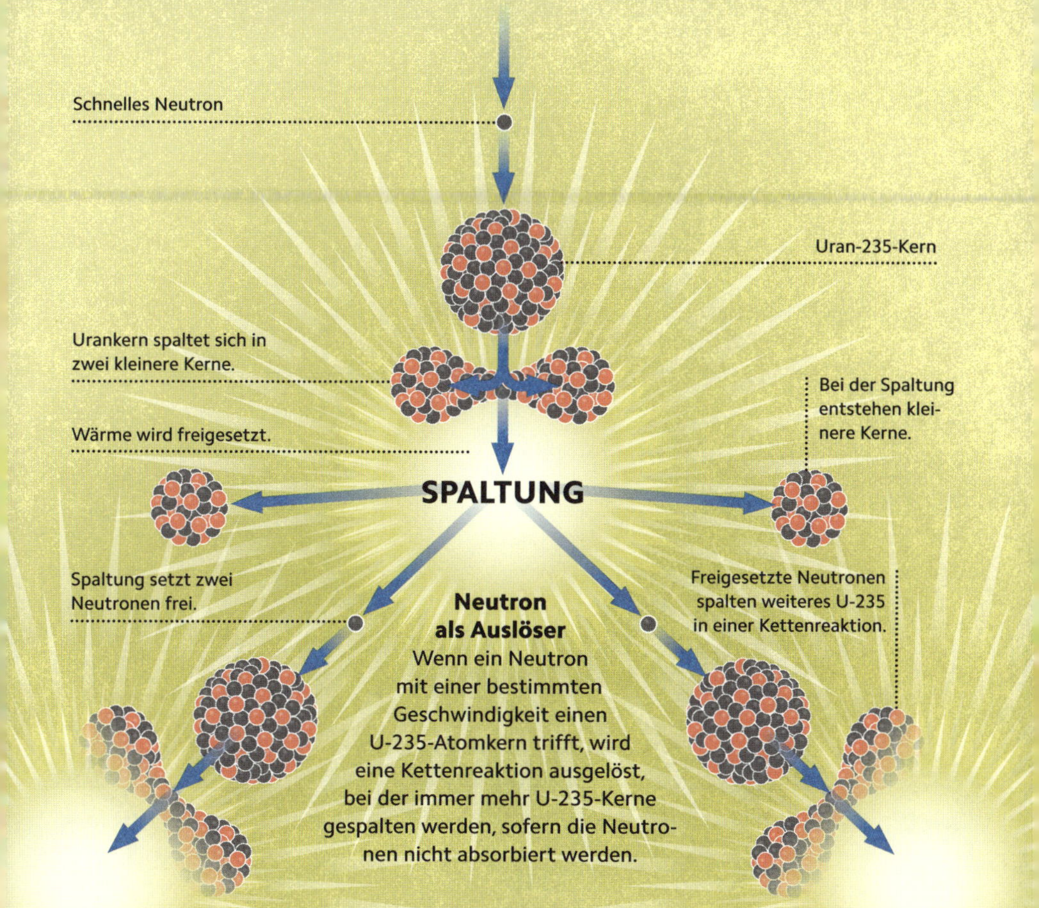


**Neutron als Auslöser**
Wenn ein Neutron mit einer bestimmten Geschwindigkeit einen U-235-Atomkern trifft, wird eine Kettenreaktion ausgelöst, bei der immer mehr U-235-Kerne gespalten werden, sofern die Neutronen nicht absorbiert werden.

# ATOME SPALTEN

Der Kern eines schweren Atoms kann instabil werden und sich in zwei oder mehr kleinere Kerne spalten, wobei große Mengen an Wärme frei werden. Eine solche Kernspaltung ist die Basis von Kernreaktoren und Atomwaffen. Sie kommt in seltenen Fällen in der Natur vor, wird aber meist vom Menschen zur Energiegewinnung herbeigeführt und erfordert eine komplexe Technik. Die meisten Kernkraftwerke nutzen als Brennstoff das Uranisotop U-235 (siehe S. 12), das sich relativ leicht zur Spaltung anregen lässt.

# B I O L O

# GIE

**Das Leben auf der Erde entstand** vor etwa 3,8 Milliarden Jahren und hat sich durch Mutationen und natürliche Selektion so entwickelt, dass es fast jede Nische auf der Erde besetzt. Die Biologie – die Lehre vom Leben – ist dementsprechend ein äußerst weites Feld, das die Vielfalt der Lebewesen, ihre Beziehungen untereinander und mit ihrer Umwelt sowie ihre Struktur und Funktion erforscht. Technisch sind wir heute auch in der Lage, Organismen auf zellulärer und biochemischer Ebene zu erforschen: Wir können die Moleküle untersuchen, die das Leben charakterisieren, und sogar in die Vererbung selbst eingreifen, um neue Organismen zu unserem Nutzen zu entwerfen und zu erzeugen.

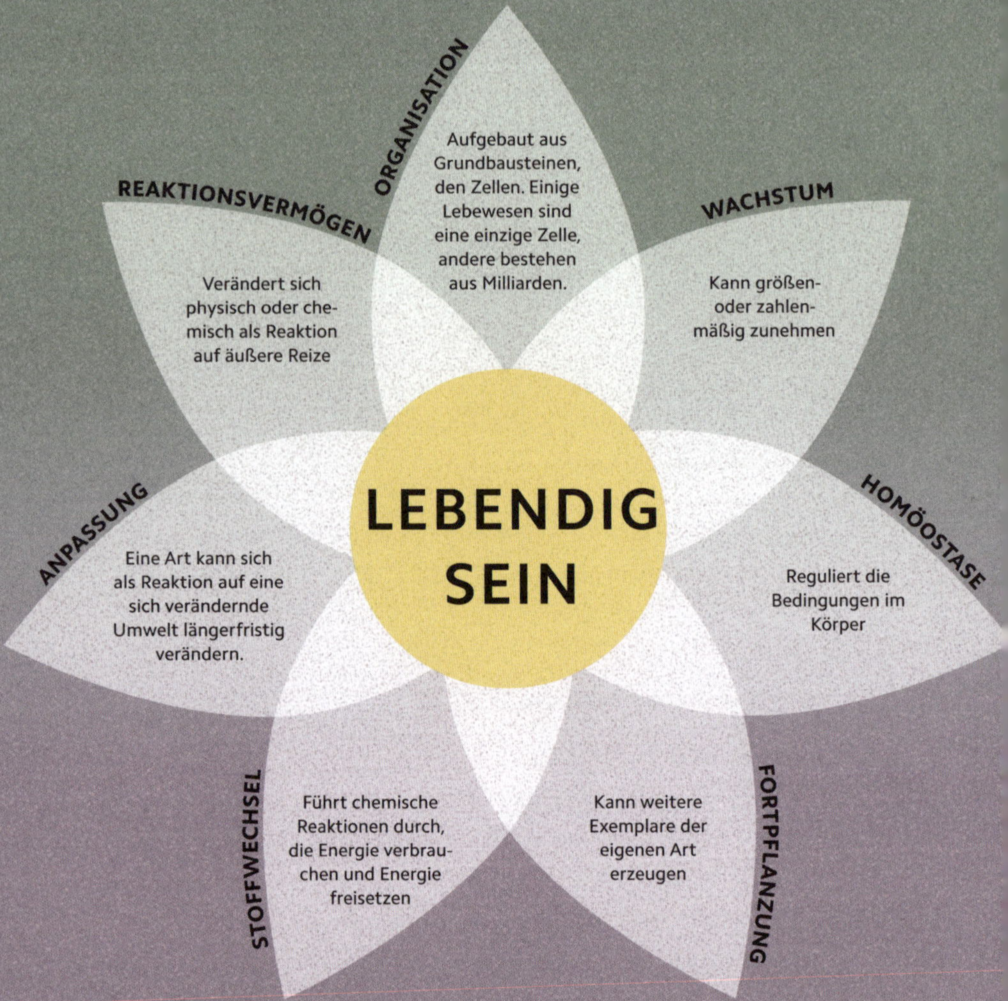


Philosophen und Naturforscher dachten einst, dass Lebewesen eine »Lebenskraft« besitzen, die sie von nicht lebenden Dingen unterscheidet. Heute wissen wir, dass keine einzelne Eigenschaft das Leben definiert, sondern dass alle Lebewesen einige Merkmale (siehe oben) gemein haben. Auf der Erde basiert das Leben auf Kohlenstoff (siehe S. 21 und S. 100–101), aber das gilt vielleicht nur für unseren Planeten.

# DIE VIELFALT DES LEBENS

Leben gibt es auf der Erde seit mindestens 3,8 Milliarden Jahren. Die allerersten Lebewesen waren Prokaryoten: winzige, einfach strukturierte Einzeller. Man schätzt die Zahl der Arten heute auf über 15 Millionen, aber viele Mikroben müssen noch beschrieben werden, sodass die wahre Zahl in die Milliarden gehen könnte. Die aktuellsten Versuche, die Vielfalt zu klassifizieren, teilen das Leben aufgrund von Genetik und Biochemie in drei Domänen ein: Bakterien, Archaeen und Eukaryoten. Man nimmt an, dass sie alle aus demselben gemeinsamen Vorfahren hervorgegangen sind.

**GEMEINSAMER VORFAHR**

**PROKARYOTEN**
Diese einzelligen Organismen sind etwa 0,1 bis 5,0 Mikrometer (µm) groß. Sie haben keinen Zellkern und enthalten keine membrangebundenen Substrukturen, sogenannte Organellen.

**BAKTERIEN**
Bakterien haben weniger als 2 µm Durchmesser und bestehen aus einer einzigen Zelle ohne Zellkern und Organellen.

**ARCHAEEN**
Äußerlich ähneln sie Bakterien, haben aber eine ganz andere Biochemie. Einige gewinnen Energie aus Schwefel, Wasserstoff oder Ammoniak.

**EUKARYOTEN**
Diese Domäne umfasst die uns vertrauten Reiche der Organismen, darunter Pflanzen und Tiere. Ihre Zellen sind relativ groß (5 bis 100 µm im Durchmesser) und haben einen Zellkern und membrangebundene Organellen, die bestimmte Funktionen erfüllen.

- **PROTISTEN**
- **PILZE**
- **PFLANZEN**
- **TIERE**

**Aufbau von Viren**
Viren bestehen aus genetischem Material (DNA oder RNA), das in Protein (das Kapsid) verpackt ist, manchmal in einer Fetthülle. Sie sind winzig und haben einen Durchmesser von 20 bis 800 Nanometern (nm).

# WINZIGE INVASOREN

Viren erfüllen nicht alle Kennzeichen für das Leben (siehe S. 88). Sie haben keine Zellstruktur und keinen Stoffwechsel und vermehren sich nicht selbstständig. Zur Vermehrung müssen sie in einen Wirt eindringen – ein Tier, eine Pflanze, einen Pilz oder ein Bakterium – und dessen zelluläre Ausstattung kapern. Dabei verursachen Viren viele Tierkrankheiten, etwa Grippe oder COVID-19, und auch Pflanzenkrankheiten, die Nutzpflanzen schädigen.

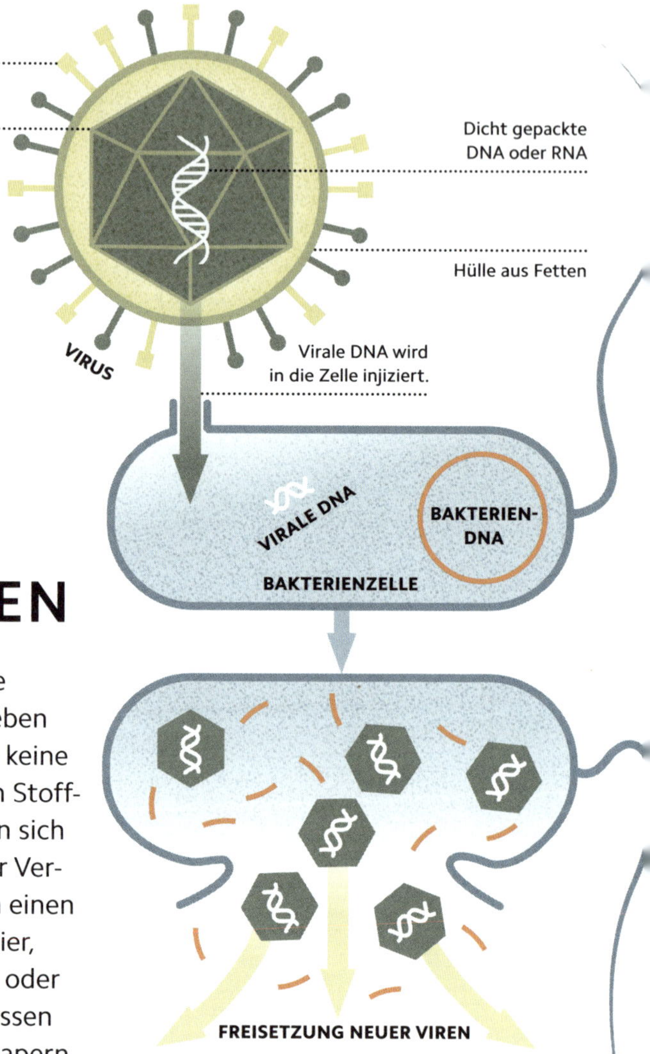


**Virusinfektion**
Wenn Viren eine Zelle (hier ein Bakterium) infizieren, heften sie sich an die Oberfläche und injizieren ihre DNA oder RNA in den Wirt. Dieses genetische Material leitet die Zelle an, neue Viren zu produzieren, die dann aus dem Wirt ausbrechen.

# MIKROBEN ÜBERALL

Bakterien sind winzige einzellige Prokaryoten (siehe S. 89), die man am besten durch das definiert, was ihnen fehlt. Die Zellen enthalten keine Organellen – membranumgebene Strukturen, typisch für die eukaryotischen Tier- und Pflanzenzellen. Ihr Genmaterial liegt nicht auf Chromosomen in einem Zellkern, sondern auf einem ringförmigen DNA-Molekül im Plasma. Bakterien sind auf der Erde fast allgegenwärtig: in der Luft, im Wasser, im Boden und im Gestein, aber auch im Körper anderer Lebewesen. Einige verursachen Krankheiten, andere sind lebenswichtig.

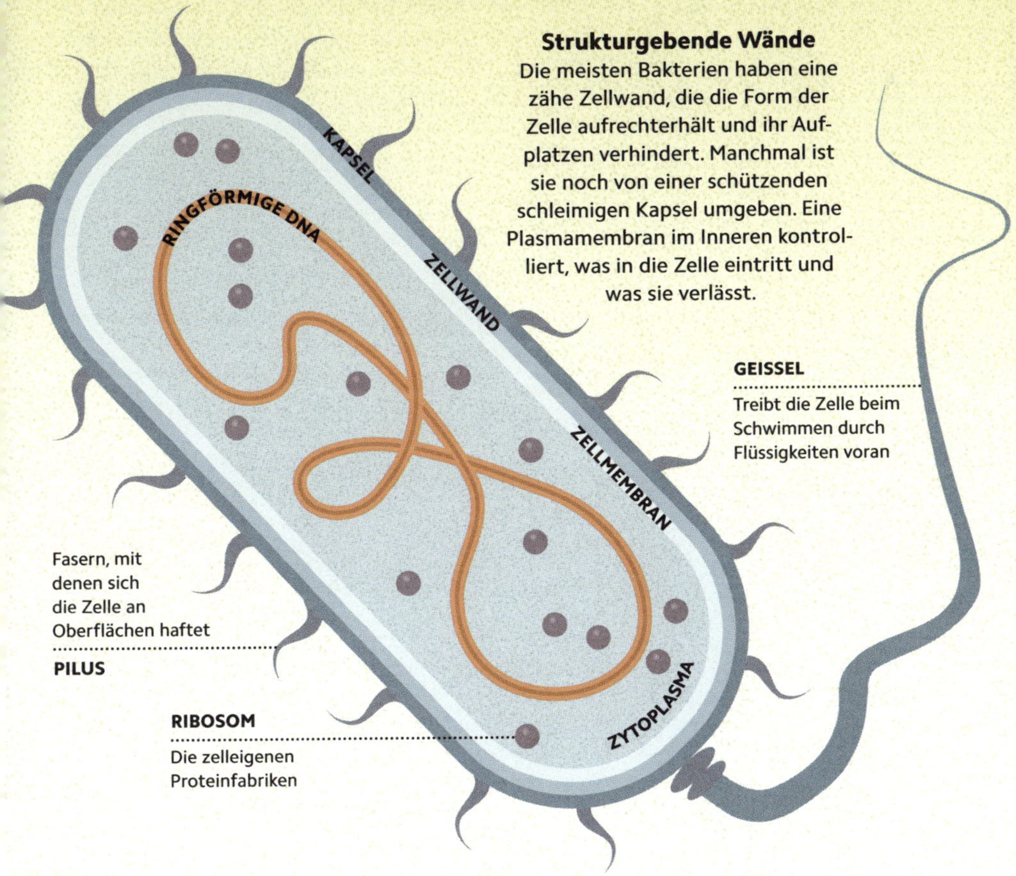


**Strukturgebende Wände**
Die meisten Bakterien haben eine zähe Zellwand, die die Form der Zelle aufrechterhält und ihr Aufplatzen verhindert. Manchmal ist sie noch von einer schützenden schleimigen Kapsel umgeben. Eine Plasmamembran im Inneren kontrolliert, was in die Zelle eintritt und was sie verlässt.

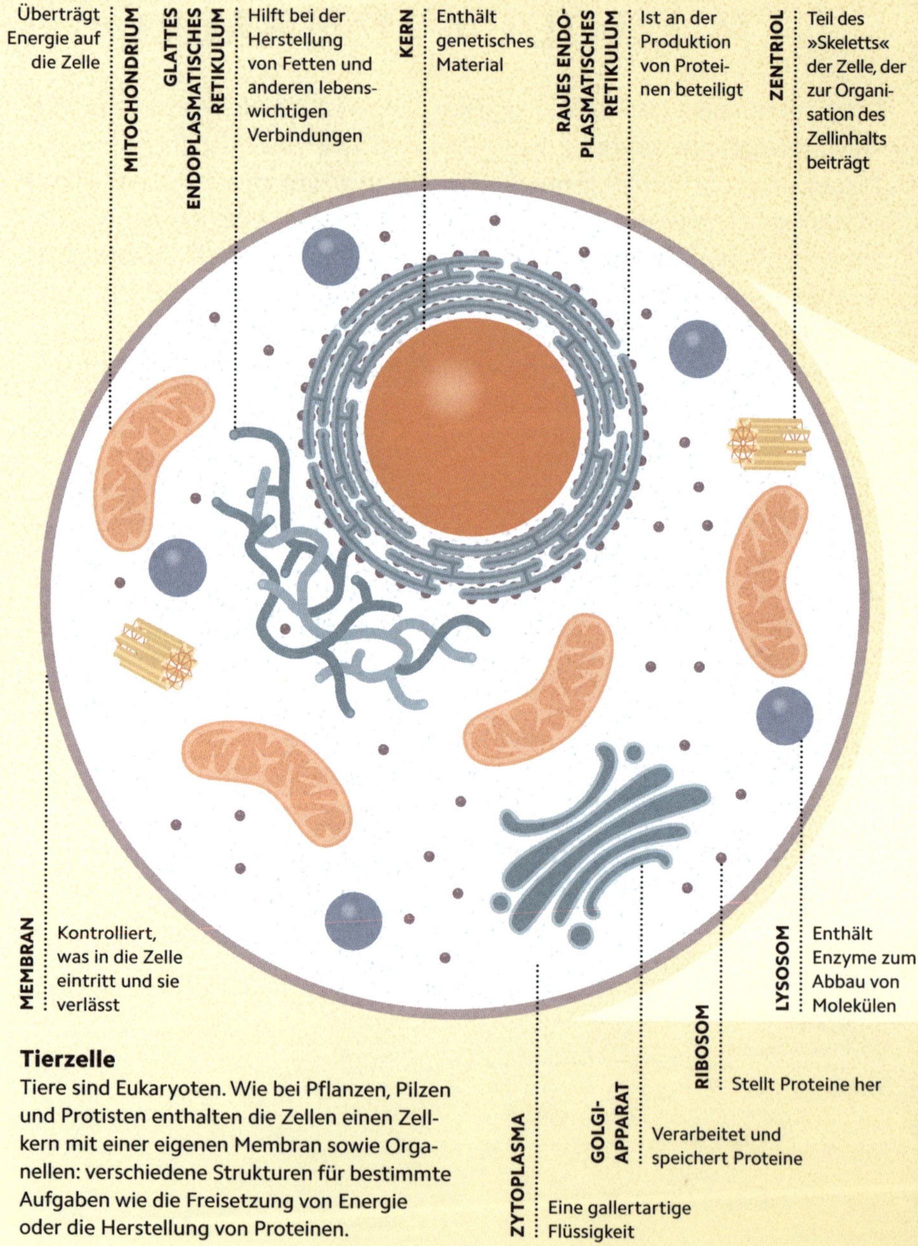


**Tierzelle**

Tiere sind Eukaryoten. Wie bei Pflanzen, Pilzen und Protisten enthalten die Zellen einen Zellkern mit einer eigenen Membran sowie Organellen: verschiedene Strukturen für bestimmte Aufgaben wie die Freisetzung von Energie oder die Herstellung von Proteinen.

# DER AUFBAU VON TIEREN

Es gibt etwa neun Millionen Tierarten. Sie entstanden aus einem einzelligen Vorfahren, sind aber vielzellig und bestehen aus Millionen oder gar Milliarden von eukaryotischen Zellen. Tierzellen ähnlicher Art verbinden sich zu Geweben (siehe unten), die bestimmte Aufgaben erfüllen. Organe wie Herz, Leber oder Haut bestehen aus zwei oder mehr Gewebetypen. Sie bilden die funktionellen Einheiten des Tierkörpers. Organe arbeiten in Systemen zusammen – zum Beispiel umfasst das Verdauungssystem unter anderem den Mund, die Speiseröhre, die Leber und die Därme.

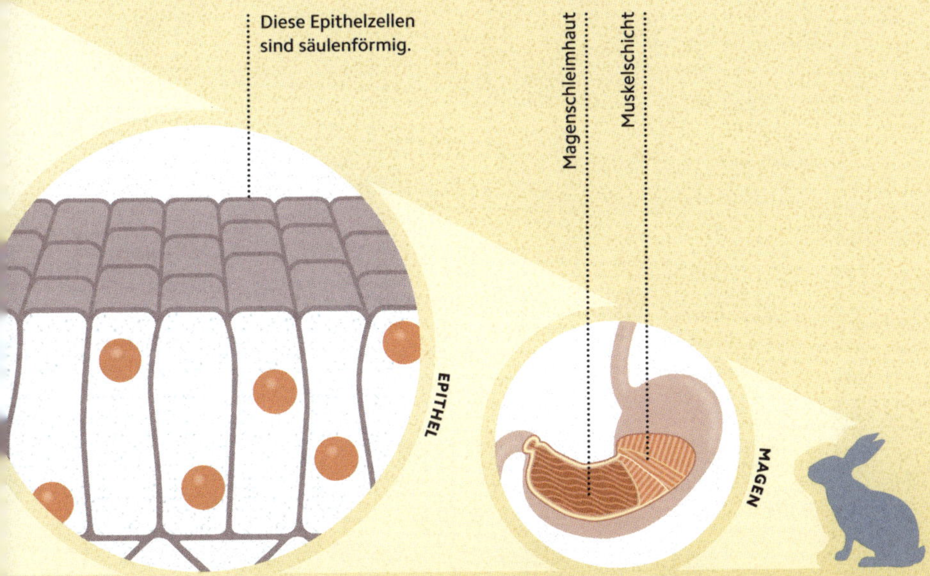


**Gewebe**
Tiere haben vier grundlegende Gewebetypen: Muskel-, Binde-, Nerven- und Epithelgewebe (das die inneren Organe und Körperhöhlen auskleidet und in der Haut zu finden ist).

**Organe**
Verschiedene Gewebe sind zu Organen zusammengefügt. So ist der Magen mit Epithelgewebe ausgekleidet, während das Muskelgewebe die Nahrung umwälzt.

**Pflanzenzelle**

Pflanzenzellen werden von einer starren Zellwand getragen, die vor allem aus Zellulose besteht. Im Inneren befindet sich eine große Speicherorganelle, die Vakuole. Sie enthält eine wässrige Lösung, die wie ein Luftballon einen Druck nach außen ausübt, der dazu beiträgt, die Pflanze aufrecht zu halten.

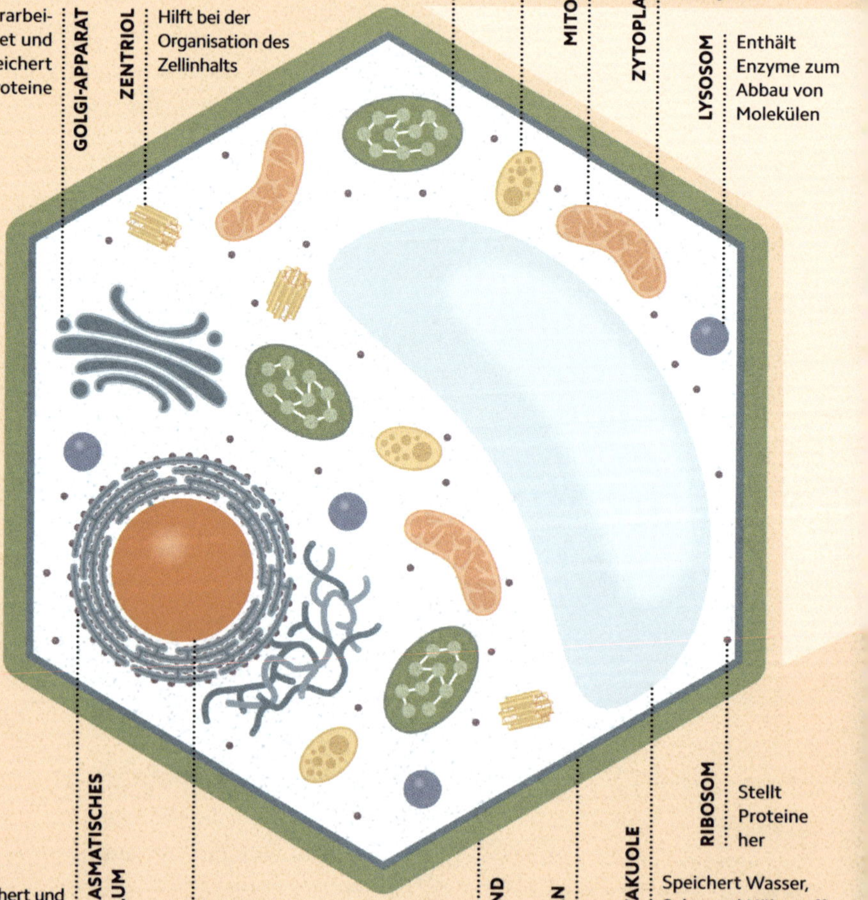

**Gewebe**
Ähnliche Zelltypen sind zu Geweben für bestimmte Aufgaben organisiert. Das Grundgewebe macht den Großteil der Pflanze aus. In ihm findet die meiste Fotosynthese statt, während das Abschlussgewebe die Oberfläche bildet.

**Organe**
Die Organe – Blätter, Stängel und Wurzeln – bestehen aus zwei oder mehr Gewebetypen. Sie sind teils für bestimmte Funktionen modifiziert: So ist die Kartoffel ein Stängel, der für die Speicherung von Stärke modifiziert ist.

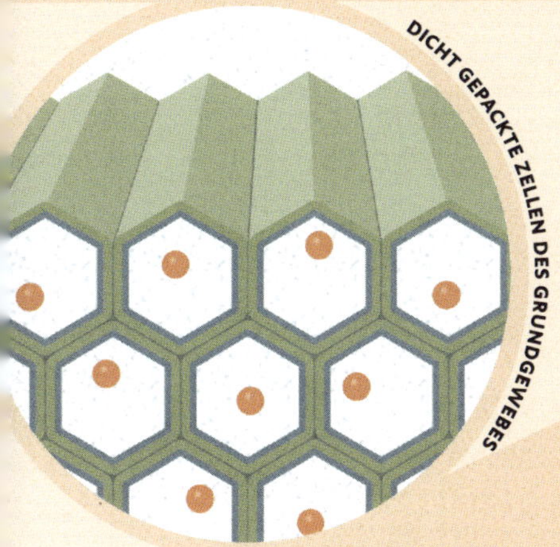

# SO SIND PFLANZEN AUFGEBAUT

Die meisten Pflanzen betreiben Fotosynthese, stellen also mithilfe von Licht Zucker aus Wasser und Kohlendioxid her. Zucker liefert Energie und ist Grundstoff für das Wachstum. Pflanzen sind mehrzellige Eukaryoten und ihre Zellen haben viele Strukturen mit denen tierischer Zellen gemein. Anders als Tierzellen haben sie aber feste Zellwände und enthalten Chloroplasten – Organellen, die Pigmente für die Fotosynthese enthalten. Pflanzen sind in Gewebe und Organe für spezifische Aufgaben gegliedert. Ihr Gesamtbau ist für die Aufnahme von Licht und für die Speicherung von Nährstoffen optimiert.

**Pilzhyphen und Zellen**
Die meisten mehrzelligen Pilze bestehen aus Fäden, den Hyphen, die ein als Myzel bezeichnetes Netz bilden. Die Hyphen sind durch Querwände, die Septen, in Zellen unterteilt. Um sich fortzupflanzen, produzieren die Myzelien Fruchtkörper, die Sporen tragen.

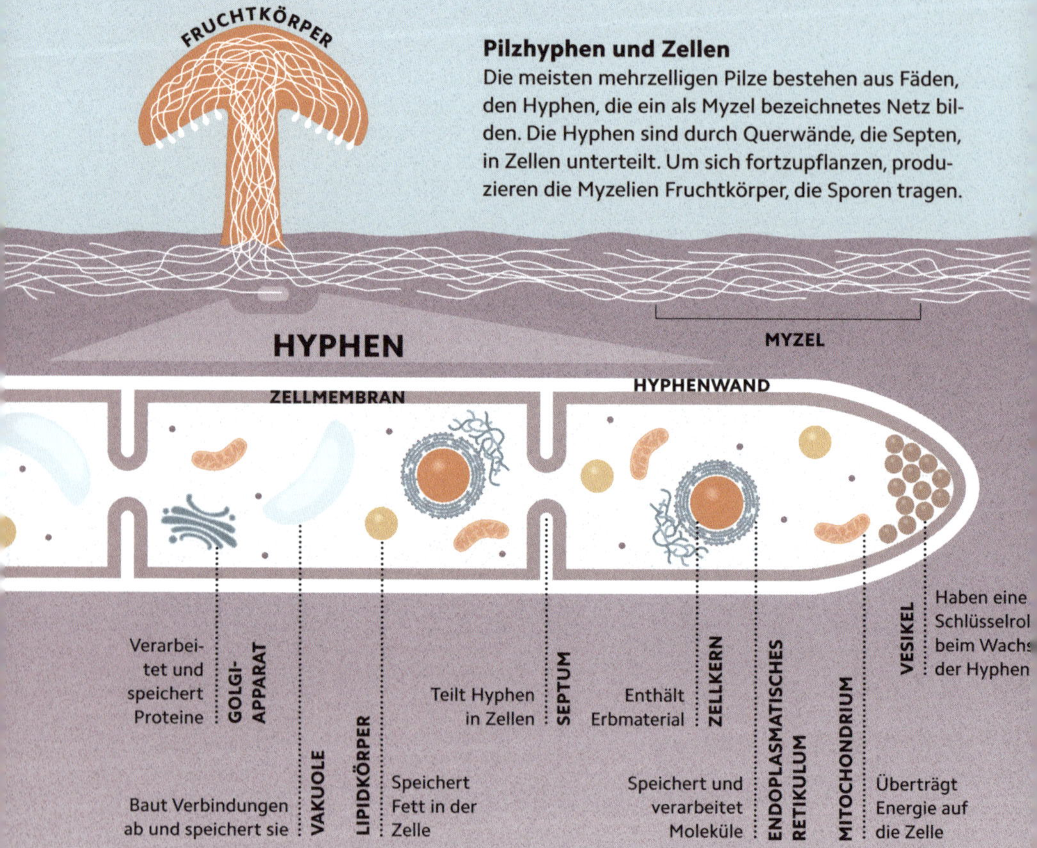


# FÄDEN DES LEBENS

Die Pilze, die man früher zu den Pflanzen zählte, werden heute in ein eigenes Reich eingeordnet. Wie Pflanzen sind sie Eukaryoten und haben eine Zellwand, aber nicht aus Zellulose, sondern aus Chitin, das auch Insektenpanzern Festigkeit gibt. Anders als Pflanzen betreiben sie keine Fotosynthese, sondern absorbieren organische Stoffe aus der Umgebung. Pilze sind eine vielfältige Gruppe sowohl mit mehrzelligen Formen wie Ständerpilze und Schimmel als auch einzelligen wie Hefe.

**Protozoen**
Diese Einzeller ernähren sich, indem sie organische Nahrungspartikel umhüllen.

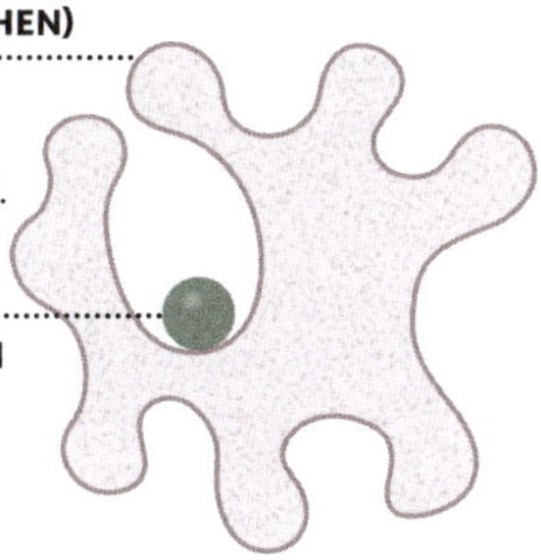


**Algen**
Sie leben pflanzenähnlich im Wasser. Viele sind winzige Einzeller wie die Kieselalgen (unten), andere sehr groß (Seetang).

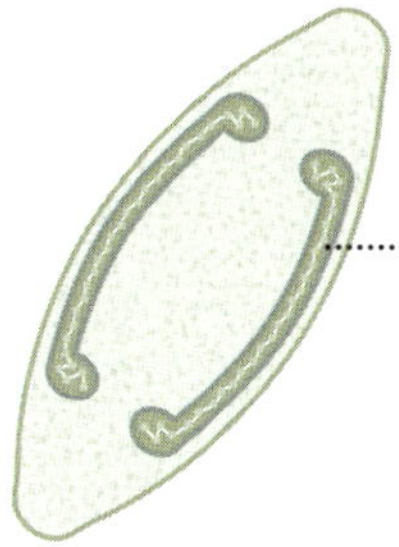


# EINZELLIGES LEBEN

Das vierte Reich der Eukaryoten, die Protisten, ist ein Sammelsurium meist einzelliger Organismen, die sich nicht als Pflanzen, Tiere oder Pilze klassifizieren lassen. Sie haben keinen gemeinsamen Vorfahren, sondern haben sich aus verschiedenen Vorläufern entwickelt. Auch ihre Lebensweise ist vielfältig: Einige betreiben Fotosynthese wie Pflanzen, andere umschließen und verdauen organisches Material wie Pilze und Tiere.

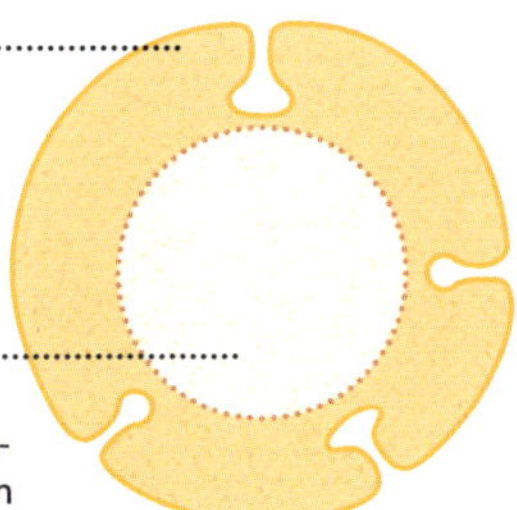


**Schleimpilze**
Die winzigen, pilzähnlichen Protisten leben an feuchten Orten. Einige sammeln sich zu »Fruchtkörpern«, die Sporen bilden.

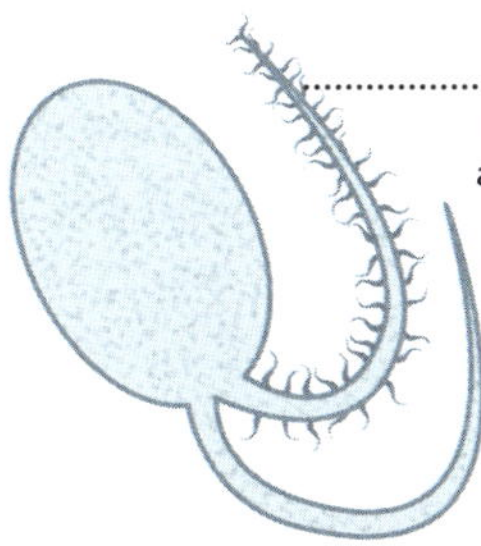


**Eipilze**
Wie Pilze bilden sie Myzelien, die auf verrottendem Material zu finden sind. Einige befallen Pflanzen, etwa die Kartoffelfäule.

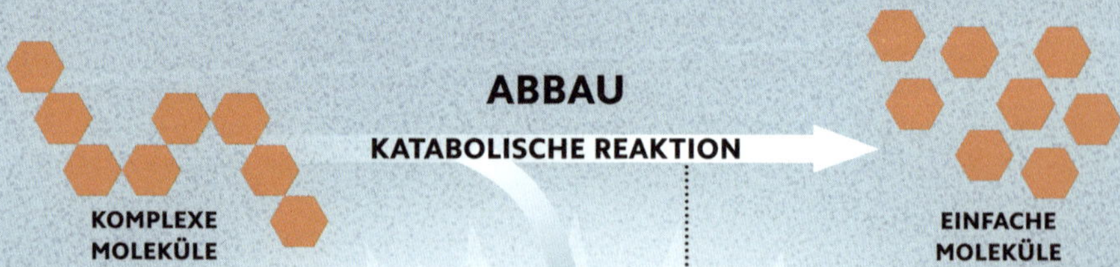


Reaktionen, bei denen Moleküle in einfachere Bestandteile zerlegt werden, wobei oft Energie freigesetzt wird, nennt man katabolisch.

# DIE CHEMIE DES LEBENS

ENERGIE

Die Gesamtheit der chemischen Reaktionen in den Zellen nennt man Stoffwechsel. Viele Hunderte Einzelreaktionen, oft in komplexen Stoffwechselwegen miteinander verbunden, versorgen Zellen mit Energie, bilden die für Wachstum und Reparatur nötigen Moleküle und bauen Abfallstoffe ab. Die Stoffwechselwege sind bei sehr unterschiedlichen Organismen erstaunlich ähnlich, sie müssen also schon in der Frühzeit des Lebens entstanden sein.

Zelluläre Reaktionen, die Energie aufwenden, um komplexe Moleküle aus einfacheren zu bilden, heißen anabolisch.

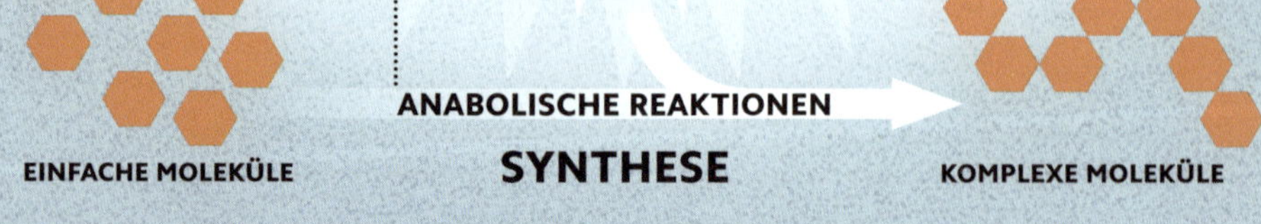

# KATALYSATOREN DES LEBENS

Enzyme sind von der Zelle produzierte Eiweißmoleküle, die chemische Reaktionen in der Zelle beschleunigen, die sonst zu langsam für die meisten Lebewesen ablaufen würden. Enzyme sind Katalysatoren (siehe S. 30), die bei den Reaktionen, die sie beschleunigen, nicht selbst verbraucht oder verändert werden. Sie sind hochgradig spezifisch: Jedes wirkt nur auf ganz bestimmte Moleküle. Die Menge, in der die Zelle einzelne Enzyme produziert, steuert daher die Funktion der Zelle. Die Menge der Enzyme in einer Zelle hängt von ihrer Rolle im Körper ab. Insgesamt produziert der menschliche Körper Tausende verschiedene Enzyme.

**SUBSTRAT**

Das Molekül, auf das die Wirkung des Enzyms abzielt, wird als Substrat bezeichnet.

**ENZYM**

Das Substrat bindet an einen Teil des Enzyms, das sogenannte aktive Zentrum.

**Spezifität**

Ein Enzym bindet sich an ein Zielmolekül und bildet einen Enzym-Substrat-Komplex. Das Enzym bindet an seinem aktiven Zentrum, das so geformt ist, dass es perfekt zu dem Zielmolekül passt.

**ENZYM-SUBSTRAT-KOMPLEX**

Die Bindung mit dem Enzym zwingt das Substrat in eine Form, die es erleichtert, chemische Bindungen zu bilden – oder, in diesem Fall, zu brechen.

**PRODUKTE**

Die Moleküle, die bei der Reaktion entstehen, werden aus dem Komplex freigesetzt.

# DER STOFF DES LEBENS

Lebewesen bestehen aus nicht lebenden Molekülen auf Kohlenstoffbasis, die man Biomoleküle nennt. Einige sind klein – einfache Zucker haben ein Gerüst aus nur sechs Kohlenstoffatomen. Viele wichtige Biomoleküle sind jedoch große Polymere, die viele Tausende oder Millionen von Kohlenstoffatomen enthalten. Man teilt sie in vier große Gruppen ein: Kohlenhydrate, Proteine, Lipide und Nukleinsäuren.

UNTEREINHEITEN

**Kohlenhydrate**
Zu diesen Verbindungen aus Kohlenstoff, Wasserstoff und Sauerstoff gehören Einfachzucker sowie Polymere wie Zellulose, aus der die Zellwände der Pflanzen bestehen, und Speicherverbindungen wie Glykogen und Stärke. So besteht Stärke aus Untereinheiten aus dem Zucker Glukose.

**Proteine**
Proteine sind Polymere aus kleinen Einheiten, den Aminosäuren. In Lebewesen gibt es nur 20 Aminosäuren. Die Anzahl und Abfolge der Aminosäuren im Protein bestimmen seine Form und Funktion. Proteine sind an der Struktur der Zellen und an vielen Stoffwechselprozessen beteiligt.

POLYMER

> »Es gibt lebende Systeme,
> aber keine ›lebende Materie‹.«
>
> Jacques Monod

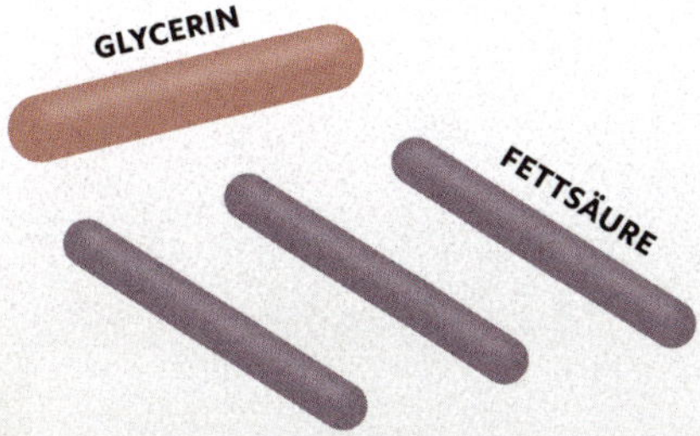


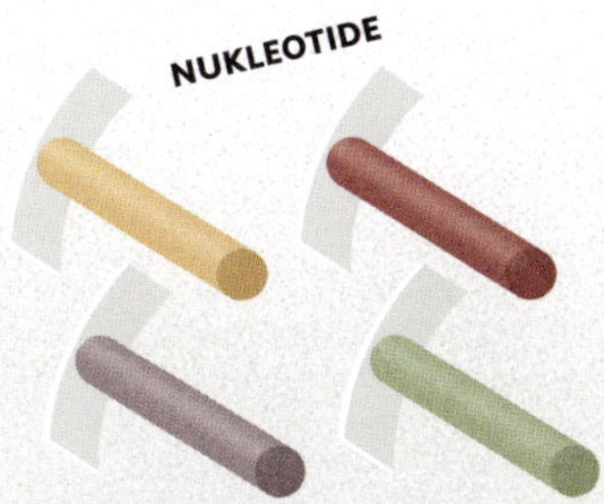


**Lipide**

Zu dieser Gruppe gehören Fette, Öle, Phospholipide, Wachse und Steroide. Fette bestehen aus einem Glycerin-Grundgerüst, an das drei lange Moleküle von Fettsäuren gebunden sind. Lipide bilden die Zellmembranen und spielen eine Reihe von Speicher- und Stoffwechselrollen.

**Nukleinsäuren**

Diese langen Polymere codieren genetische Informationen und steuern die Herstellung von Proteinen. Es gibt zwei Haupttypen – Desoxyribonukleinsäure (DNA) und Ribonukleinsäure (RNA). Die Moleküle bestehen aus kleineren Verbindungen, die Nukleotide genannt werden.

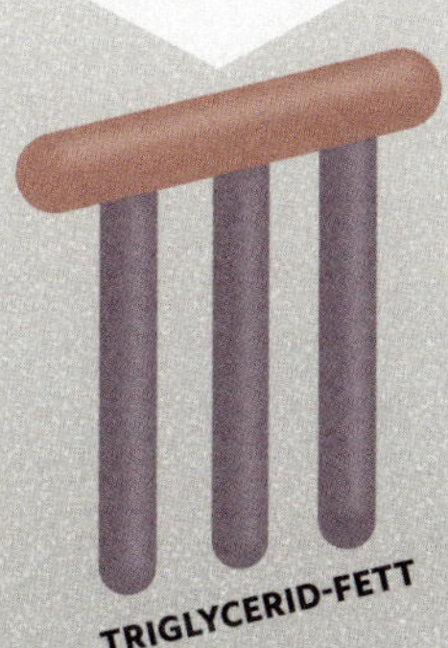


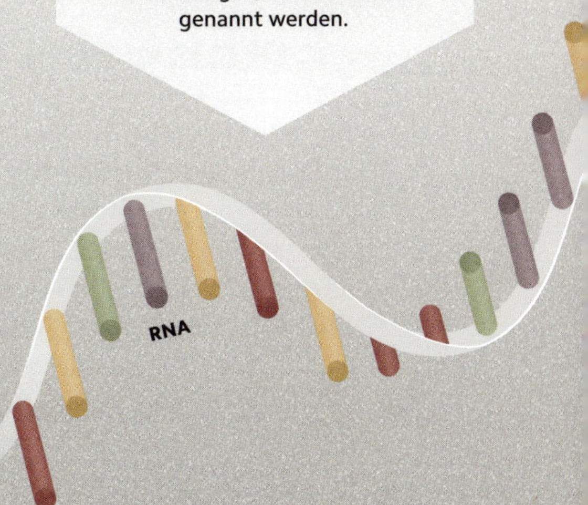

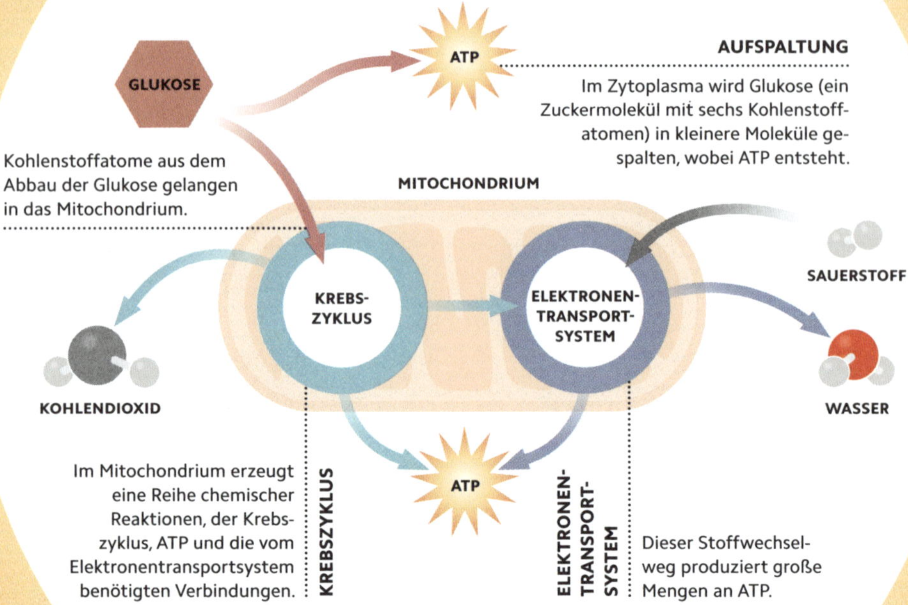


**Stufen des Abbaus**
Bei der aeroben Atmung wird Glukose abgebaut, um ATP zu erzeugen. Dabei wird Sauerstoff verbraucht. Kohlendioxid und Wasser sind die Abfallprodukte dieses Stoffwechselprozesses.

# ENERGIE DER ZELLE

In der Biologie beschreibt das Wort »Atmung« die Kette von enzymgesteuerten chemischen Reaktionen, die in allen lebenden Zellen ablaufen, um Energie aus Glukose freizusetzen. Für einige Formen der Atmung wird Sauerstoff benötigt (aerob), für andere nicht (anaerob). Die meisten der Reaktionen finden in den Mitochondrien der Zelle statt. Dabei entstehen Kohlendioxid, das aus der Zelle ausgestoßen wird, Wasser und chemische Energie in Form von Adenosintriphosphat (ATP), die zum Antrieb von Stoffwechselprozessen verwendet wird.

# ENERGIE AUS LICHT

Pflanzen sowie einige Bakterien und Algen sind fähig, Lichtenergie zu nutzen, um aus Kohlendioxid und Wasser ihre eigene Nahrung, die Glukose herzustellen. Dieser Prozess heißt Fotosynthese. Die Lichtenergie wird durch Chlorophyll und andere Pigmente in den Chloroplasten eingefangen. Chloroplasten sind Organellen innerhalb der Zellen. Die Stoffwechselwege der Fotosynthese sind zweigeteilt: Lichtabhängige Reaktionen laufen an gefalteten Membranen, den Thylakoiden, ab und lichtunabhängige Reaktionen finden im Rest des Chloroplasten statt.

**LICHTABHÄNGIGE REAKTION**

Das Sonnenlicht wird in den Thylakoidmembranen, die die fotosynthetischen Pigmente enthalten, in ATP und andere chemische Zwischenprodukte umgewandelt.

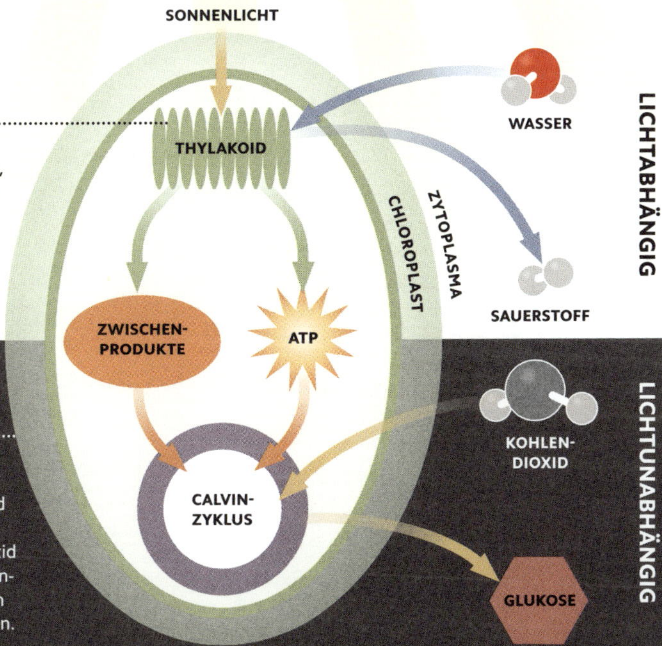


**LICHTUNABHÄNGIGE REAKTION**

Diese Reaktion, die man auch als Calvin-Zyklus bezeichnet, nutzt ATP und chemische Zwischenprodukte, um u.a. Kohlendioxid in Einfachzucker umzuwandeln, dessen Moleküle sich dann zu Glukose verbinden.

**Licht und Zucker**

Die Blätter grüner Pflanzen enthalten Zellen mit einer hohen Konzentration an Chloroplasten – den Organellen, in denen die Fotosynthese abläuft. Sauerstoff ist ein Abfallprodukt dieses Stoffwechselprozesses.

# MOLEKÜLE AUF REISEN

Diffusion und Osmose sind physikalische Vorgänge, die Wasser und andere Moleküle in und zwischen Zellen verteilen. Moleküle driften natürlich von Bereichen mit hoher zu niedriger Konzentration. Diese sogenannte Diffusion findet in Gasen, Flüssigkeiten und sogar in Festkörpern statt. Bei der Osmose diffundieren Lösungsmittelmoleküle wie Wasser durch eine Membran wie die Zellmembran, um die Konzentration gelöster Stoffe wie etwa Glukose auf beiden Seiten auszugleichen.

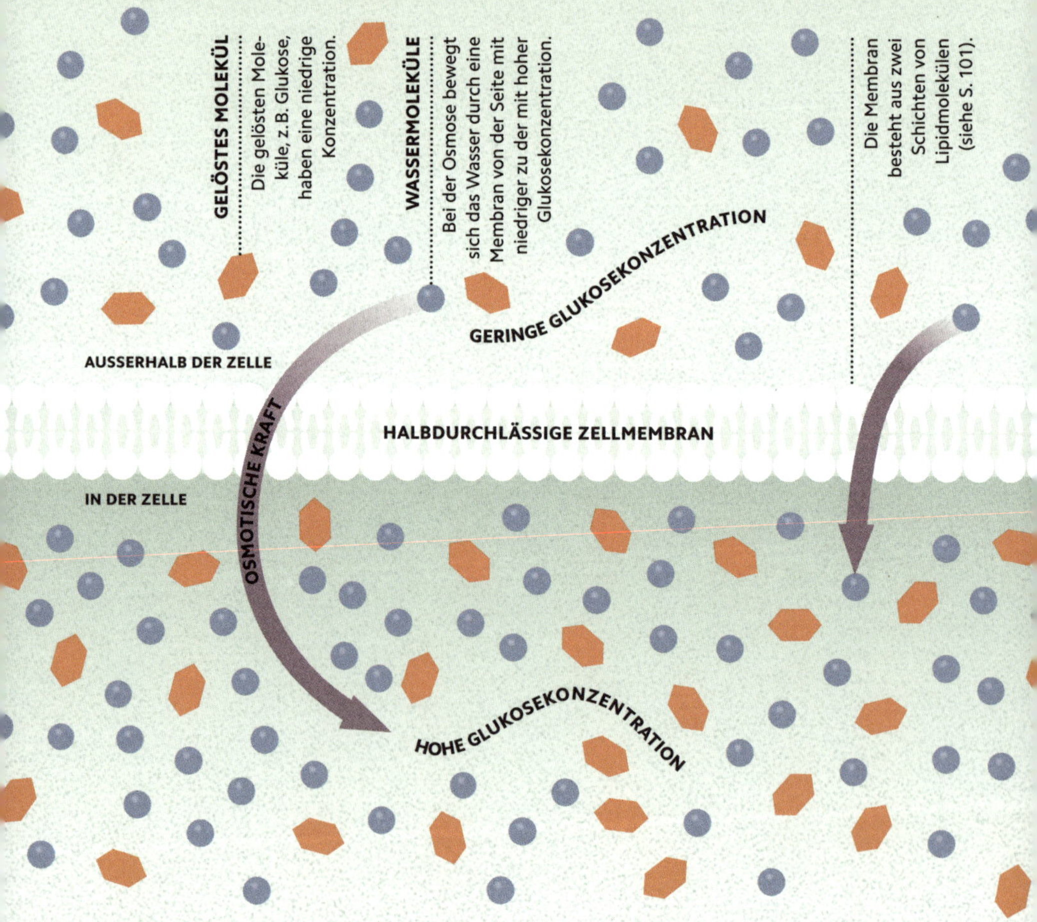

# ZELLPUMPEN

Zellen nehmen viele Moleküle durch passive Diffusion und Osmose auf (siehe links). Die Konzentration vieler wichtiger Moleküle ist jedoch außerhalb der Zellen niedriger als innerhalb und sie müssen aktiv »hineingepumpt« werden. Eine Zellmembran ist im Wesentlichen eine Lipidschicht. Darin eingebettet sind große Proteinmoleküle, die sich an Zielmoleküle außerhalb der Zelle binden und sie aktiv in die Zelle transportieren – unter Einsatz von Energie in Form von ATP (siehe S. 102).

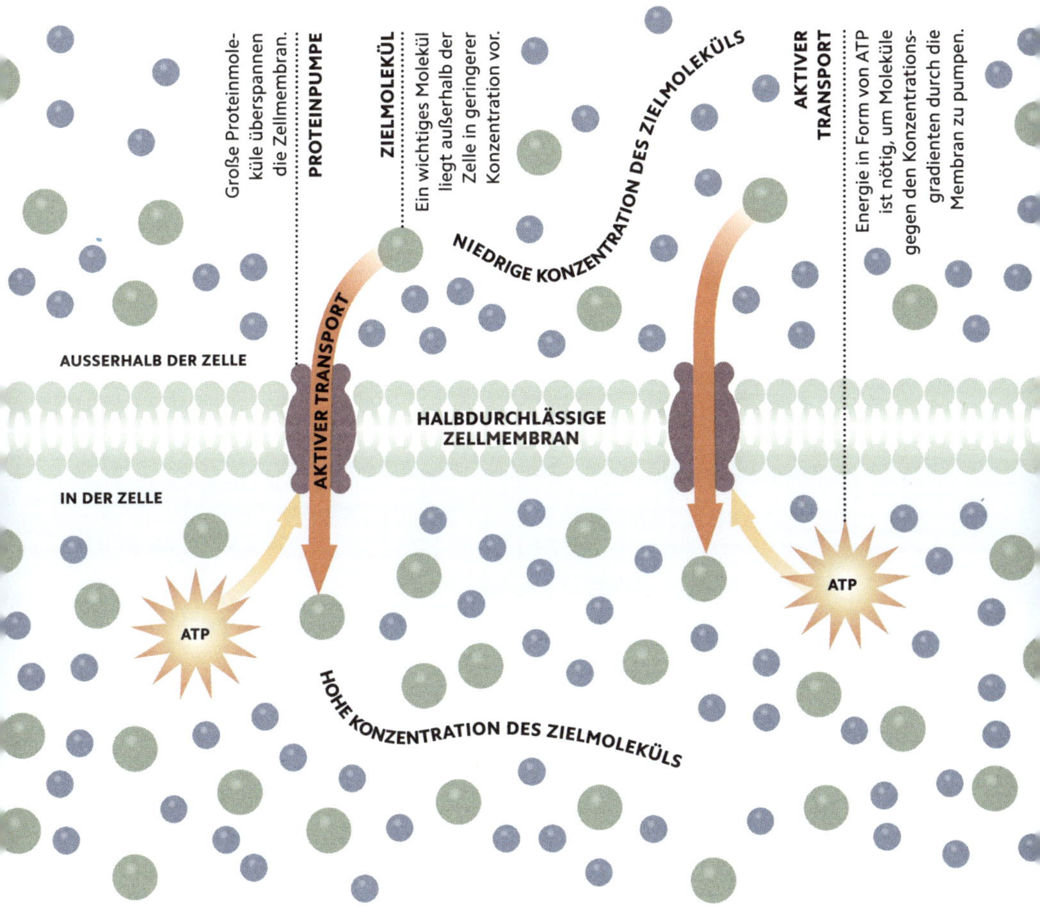

# ZELLBIBLIOTHEK

Die Desoxyribonukleinsäure (DNA) ist eine Nukleinsäure (siehe S. 101), die den genetischen Code trägt, also die Informationen, die die Funktion, das Wachstum und die Fortpflanzung einer Zelle steuern. Die DNA ist eine Kette von Nukleotiden, die jeweils einen Zucker (in diesem Fall Desoxyribose), eine Phosphatgruppe und eine stickstoffreiche Base enthalten. Der Zucker und das Phosphat bilden das »Rückgrat« des DNA-Moleküls, während die vier Basen – Adenin (A), Cytosin (C), Guanin (G) und Thymin (T) – aus dem Rückgrat herausragen.

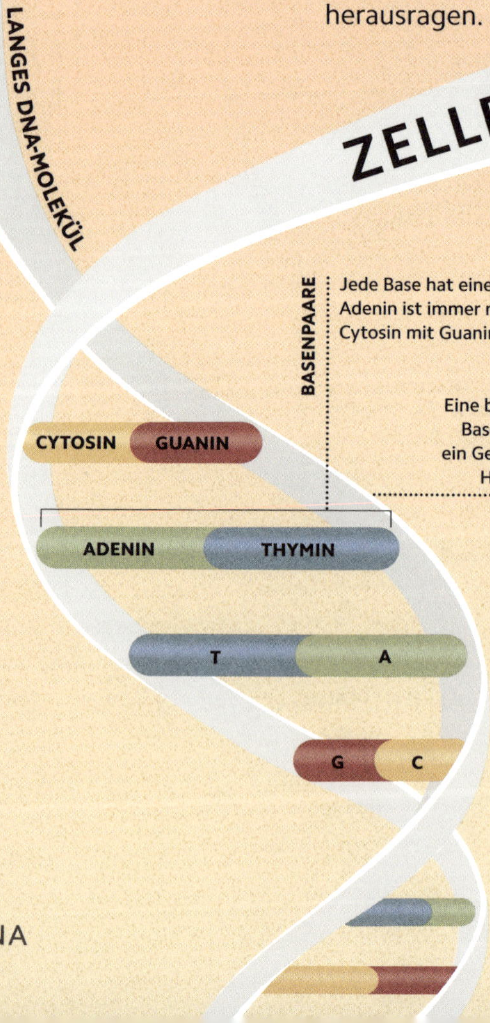


**BASENPAARE** Jede Base hat einen Paarungspartner: Adenin ist immer mit Thymin gepaart und Cytosin mit Guanin.

Eine bestimmte Basensequenz (Abfolge von Basen) entlang eines DNA-Moleküls bildet ein Gen. Dieses codiert die Anweisungen zur Herstellung eines bestimmten Proteins.

**GENE SIND SEQUENZEN.**

### Die Doppelhelix

Die DNA besteht aus zwei langen Polymeren, die in einer Doppelhelix umeinander gewunden sind. Wegen der konsequenten A-T- und C-G-Paarung spiegelt der eine Strang den anderen wider. Dadurch wird der genetische Code intakt gehalten.

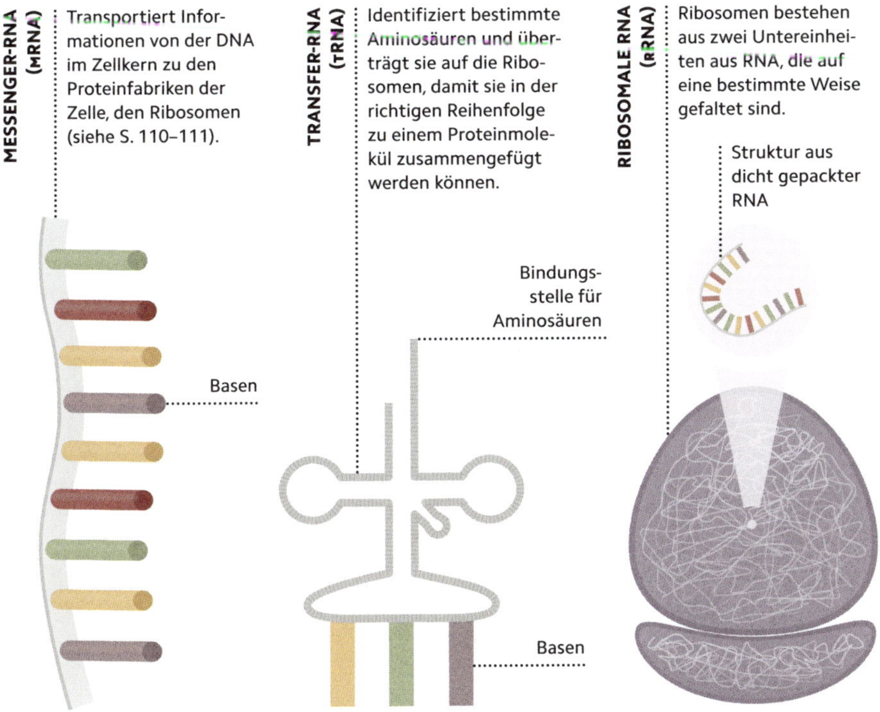


# MANAGER DER ZELLE

Ribonukleinsäure ist eine Nukleinsäure (siehe S. 101): eine Nukleotidkette, die aus dem Zucker Ribose, Phosphatgruppen und stickstoffhaltigen Basen besteht (siehe gegenüber). Sie ist der primäre Informationsträger in Viren, aber in den meisten Lebewesen ist es ihre Hauptaufgabe, die in der DNA enthaltenen Anweisungen auszuführen (siehe gegenüber). Wie die DNA trägt sie einen Basencode aus vier Buchstaben, aber mit Uracil (U) statt Thymin (T). Anders als die DNA bildet sie keine Doppelhelix, sondern, je nach Funktion, Stränge oder komplexe gefaltete Strukturen. Es gibt drei Haupttypen – mRNA, tRNA und rRNA – für unterschiedliche Aufgaben in der Zelle.

# VERPACKTE DNA

In den meisten eukaryotischen Zellen sind die langen DNA-Stränge im Kern in Einheiten, die Chromosomen, aufgeteilt. Der Mensch hat 46 Chromosomen, aber die Anzahl variiert von Art zu Art. Lebewesen, die sich geschlechtlich fortpflanzen, erben die Chromosomen paarweise: eine Hälfte jedes Paares von jedem Elternteil. So hat der Mensch 22 Paare gewöhnlicher Chromosomen sowie zwei Geschlechtschromosomen (XX oder XY), die das biologische Geschlecht bestimmen.

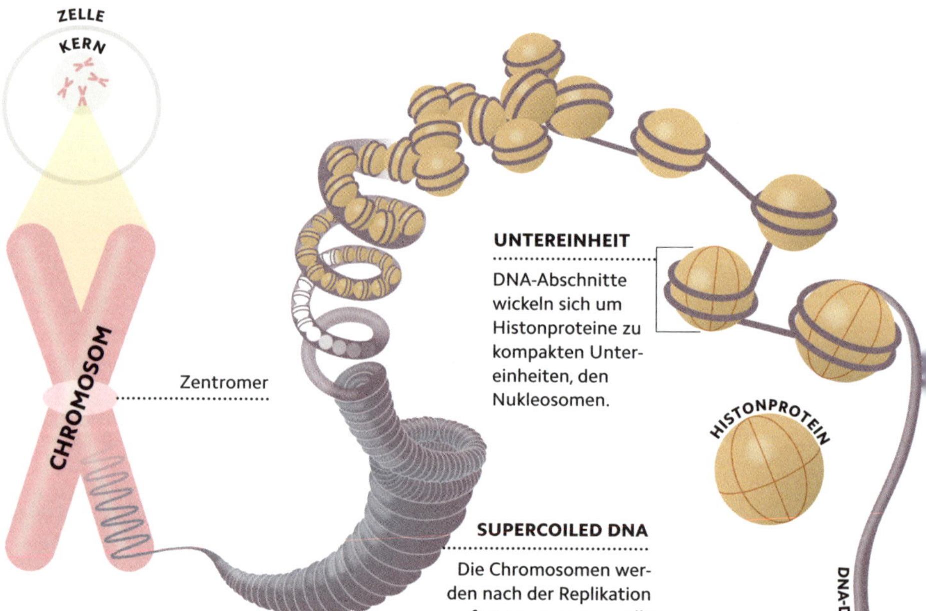


**DNA und Protein**

Chromosomen werden erst sichtbar, wenn die DNA bei der Zellteilung verdoppelt wird (siehe S. 114). Die replizierten (Schwester-)Chromatiden verbinden sich am Zentromer und bilden eine kreuzförmige Struktur aus DNA und Proteinen.

> **Eine einzige menschliche Zelle enthält eine 2 Meter lange DNA.**

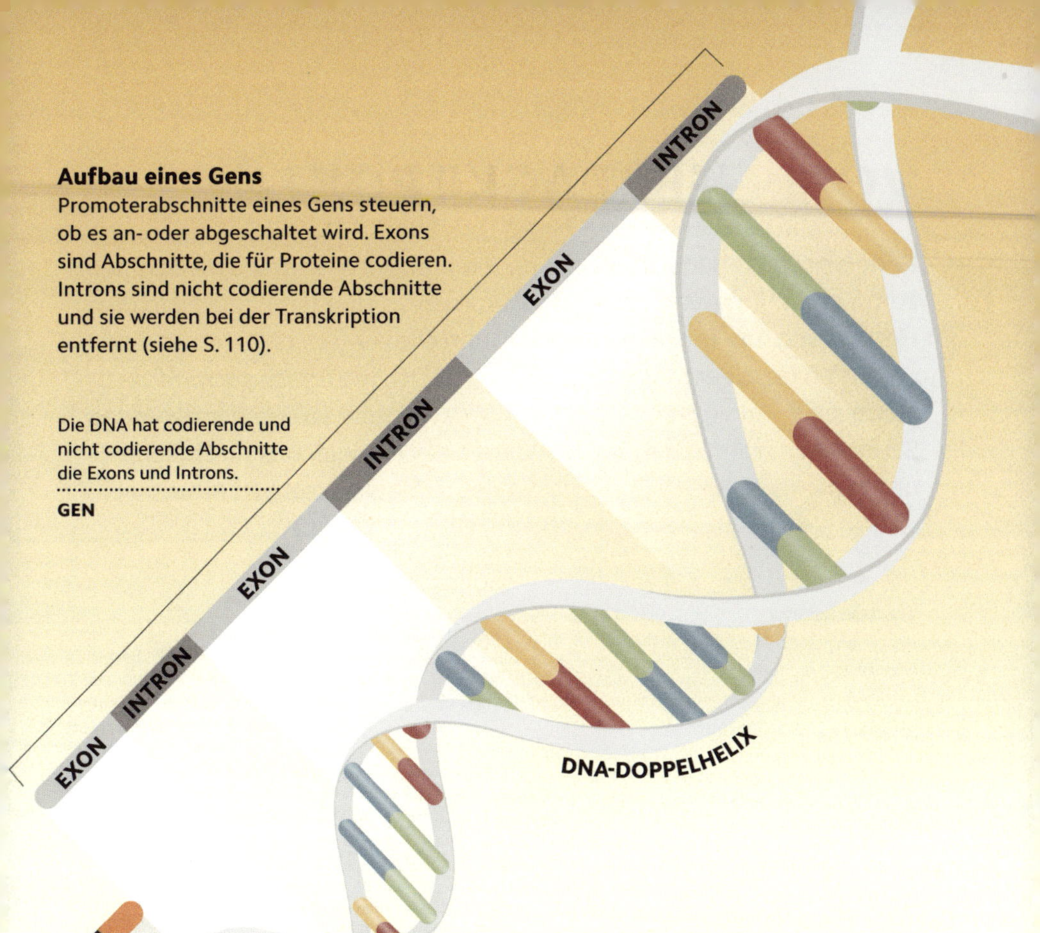


**Aufbau eines Gens**
Promoterabschnitte eines Gens steuern, ob es an- oder abgeschaltet wird. Exons sind Abschnitte, die für Proteine codieren. Introns sind nicht codierende Abschnitte und sie werden bei der Transkription entfernt (siehe S. 110).

# EINHEITEN DER VERERBUNG

Ein Gen ist ein Abschnitt der DNA, der der Zelle codierte Anweisungen für die Produktion eines bestimmten Proteins gibt. Lebewesen brauchen Tausende verschiedener Proteine zum Leben und Wachsen und für die Fortpflanzung, und daher gibt es Tausende von Genen. Jedes Protein wird durch eine Abfolge (Sequenz) der vier »Buchstaben« des genetischen Alphabets – die Basen C, G, A und T (siehe S. 106) – entlang der DNA codiert. Diese Sequenz kann mehrere Hundert bis Millionen von Basen lang sein.

# VOM GEN ZUM PROTEIN

Gene sind DNA-Sequenzen, die bestimmen, welche Proteine eine Zelle zu welchem Zeitpunkt herstellt. Der Prozess, durch den die DNA die Herstellung von Proteinen steuert, besteht aus zwei Phasen. In der ersten Phase, der Transkription, wird die DNA »abgelesen« und in Messenger-RNA (mRNA) umgewandelt (siehe S. 107). Im zweiten Schritt, der Translation, verlässt dieses Botenmolekül den Zellkern und haftet sich an Ribosomen, wo es in eine Abfolge von Aminosäuren – den Untereinheiten eines Proteins – übersetzt wird.

**Transkription**

Wenn ein Gen eingeschaltet wird, wird der DNA-Abschnitt, der diesem Gen entspricht, »aufgetrennt«, sodass spezielle Enzyme das Gen in einen mRNA-Strang kopieren können.

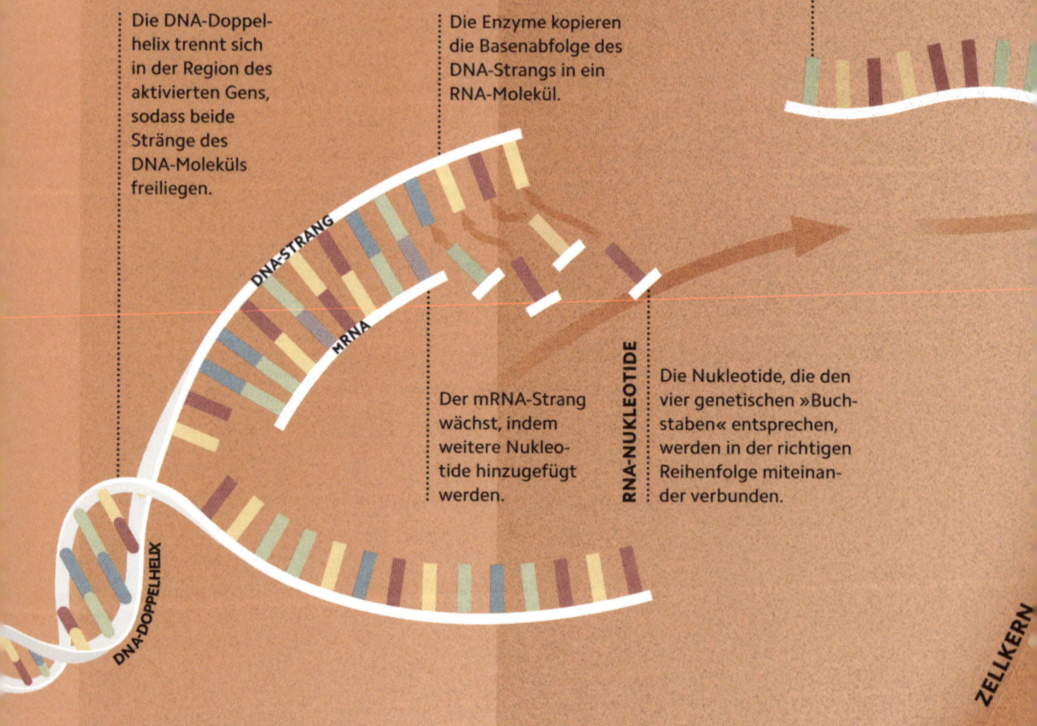

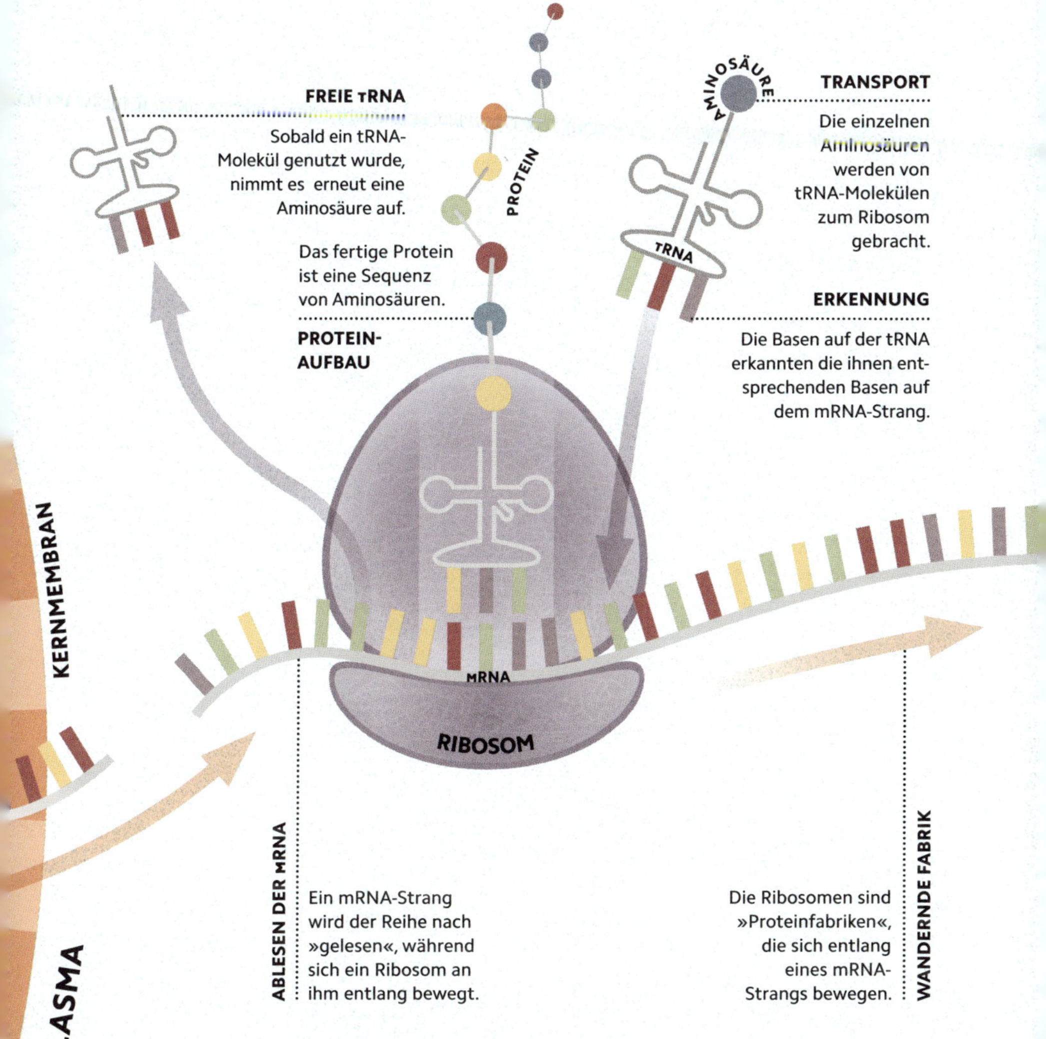


**Translation**
Die mRNA-Moleküle werden an die Ribosomen gebunden. Jetzt kommt eine andere RNA-Form, die Transfer-RNA (tRNA), ins Spiel (siehe S. 107). An einem Ende eines tRNA-Moleküls befindet sich eine Sequenz von drei Basen, die genau einer »Anweisung« mit drei Buchstaben auf dem mRNA-Molekül entspricht. Am anderen Ende befindet sich eine bestimmte Aminosäure. Während sich das Ribosom entlang des mRNA-Moleküls bewegt, verknüpfen Enzyme die Aminosäuren, die von den tRNA-Molekülen in die richtige Reihenfolge gebracht wurden.

**Unterdrückung des Agouti-Gens**
Agouti-Mäuse sind Mäuse mit dem Agouti-Gen. Sie sind fett und gelb, bringen aber gelegentlich dünne und braune Nachkommen hervor. Die Zahl der braunen Nachkommen nimmt zu, wenn trächtige Mäuse ein Vitamin-$B_{12}$-Präparat erhalten. Der Grund dafür ist, dass $B_{12}$ chemische Untereinheiten, sogenannte Methylgruppen, enthält, die sich an bestimmte Basen der DNA anlagern und diese »unlesbar« machen.

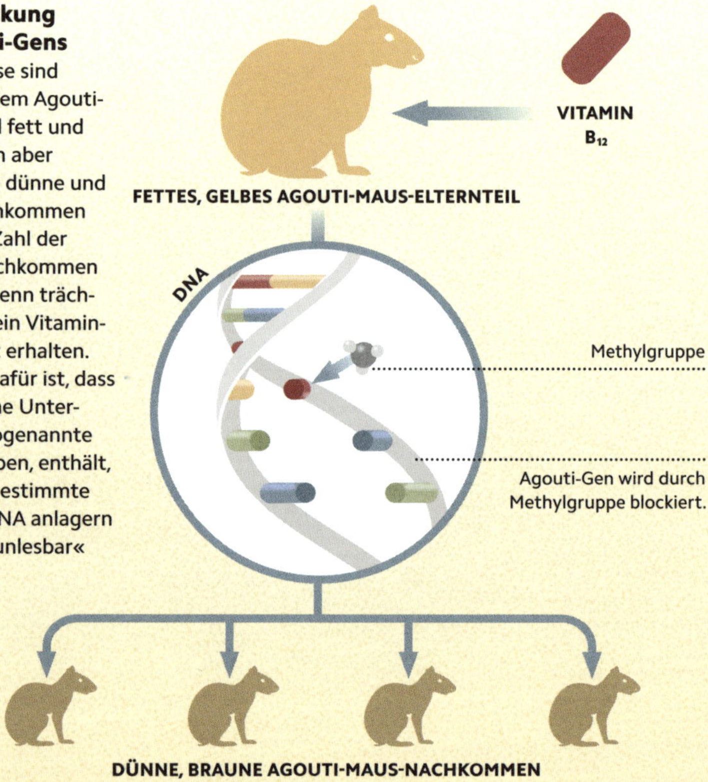


# NATUR PLUS UMWELT

Nicht nur die DNA-Sequenz bestimmt die Merkmale eines Lebewesens. Äußere Faktoren wie Ernährung, Verhalten und Umwelt können beeinflussen, welche Gene ein- und ausgeschaltet und wie sie exprimiert werden. Diese epigenetischen Faktoren (*epi* ist Griechisch für »über«) können in der DNA chemische Veränderungen hervorrufen, die sich auf die Transkription auswirken (siehe S. 110), ohne die Basensequenz des DNA-Strangs zu verändern. Epigenetische Veränderungen können an die nächste Generation weitergegeben werden, sie können aber auch als Reaktion auf Umweltveränderungen rückgängig gemacht werden.

# BIOLOGIE AUSNUTZEN

Der Mensch manipuliert biologische Systeme durch eine Vielzahl von Techniken, um nützliche Produkte zu erhalten. Der Begriff »Biotechnologie« umfasst all diese Techniken, die so unterschiedlich sind wie das Brauen, bei dem man Hefe zur Herstellung von Alkohol nutzt, das Klonen von DNA, die Herstellung von Biokraftstoffen und die Pflanzenzucht. In letzter Zeit eröffnet die Gentechnik unzählige neue Möglichkeiten zur gezielten Veränderung der Genome von Bakterien, Pflanzen und Tieren.

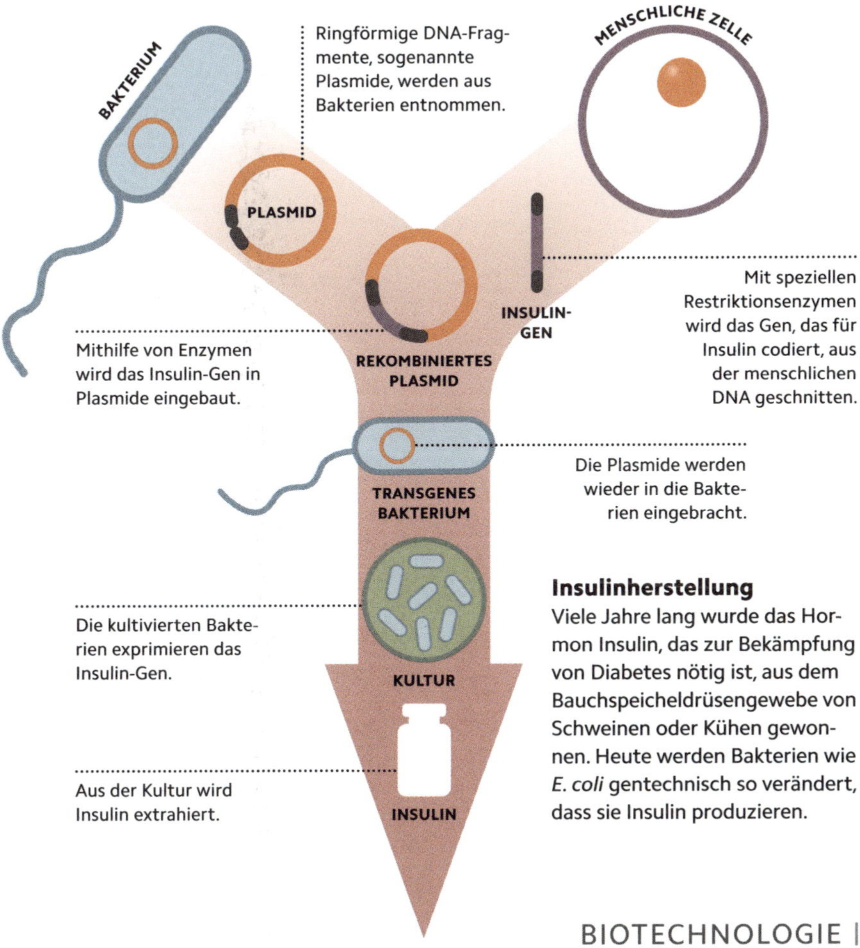


**Insulinherstellung**
Viele Jahre lang wurde das Hormon Insulin, das zur Bekämpfung von Diabetes nötig ist, aus dem Bauchspeicheldrüsengewebe von Schweinen oder Kühen gewonnen. Heute werden Bakterien wie *E. coli* gentechnisch so verändert, dass sie Insulin produzieren.

# ZELLTEILUNG

Wenn Lebewesen wachsen oder den Körper reparieren, teilen sich ihre Zellen und werden dadurch mehr. Die entstehenden Tochterzellen müssen dieselbe genetische Ausstattung haben wie die Mutterzelle, ohne dass etwas hinzugefügt oder verändert wird oder verloren geht. Der Prozess der genauen Weitergabe der DNA an die Tochterzellen heißt Mitose. Er findet in fast jeder lebenden Zelle statt. Die Chromosomen der Mutterzelle werden dupliziert und in einer präzisen Abfolge von Schritten auf die Tochterzellen verteilt. Der übrige Zellinhalt wie Zytoplasma, Mitochondrien und andere Organellen wird dann auf die Tochterzellen aufgeteilt.

**Phasen der Mitose**
Die Grafik zeigt den Vorgang der Mitose an einer Zelle mit nur vier Chromosomen. Die meisten Zellen haben viel mehr Chromosomen, was die Koordination der zellulären Aktivitäten komplexer macht. Der Mensch hat z.B. 46 Chromosomen.

> **»Die Mitose fügt Zellen hinzu, der programmierte Zelltod entfernt sie.«**
>
> H. Robert Horvitz

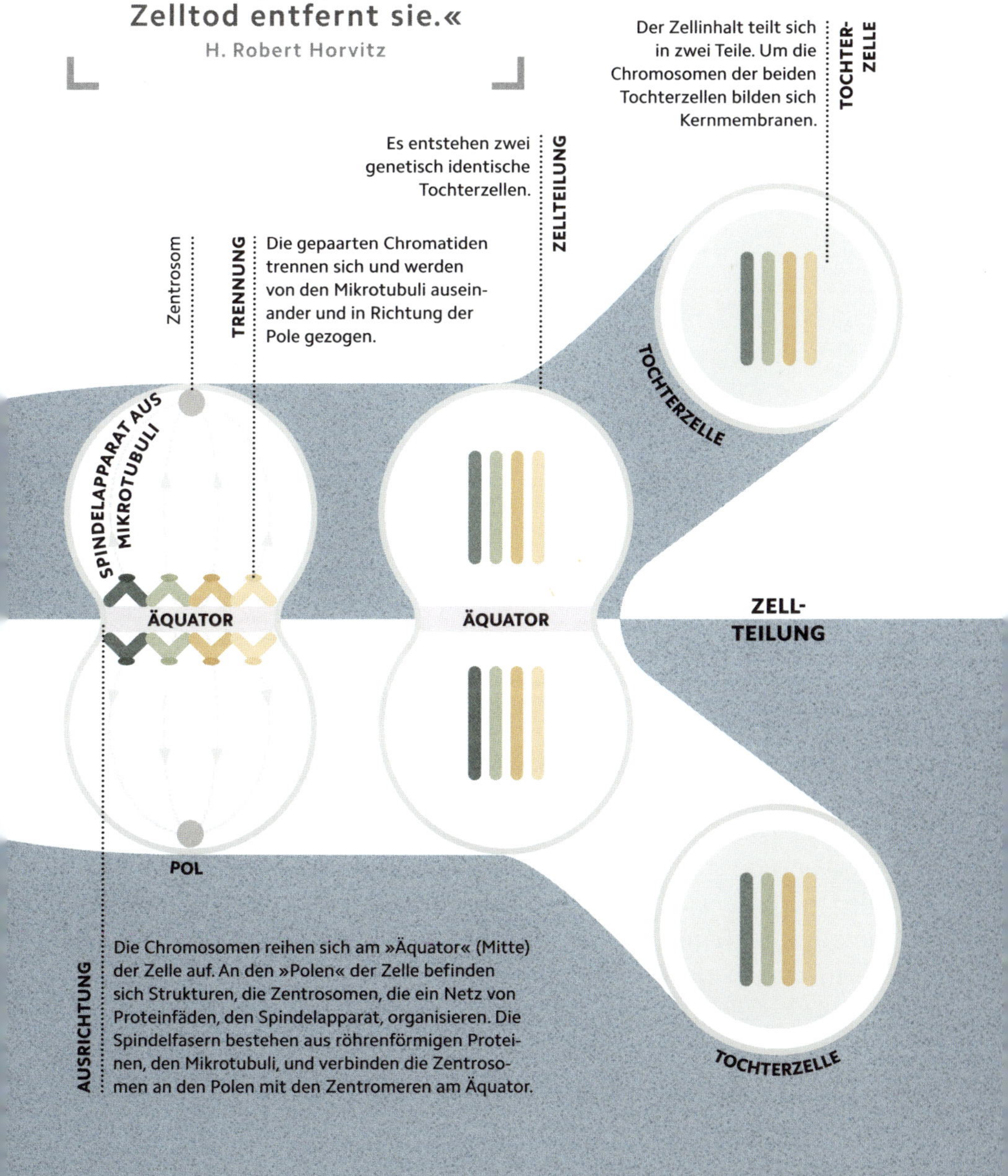

# REIFETEILUNG

Die Meiose oder Reifeteilung ist eine Zellteilung, die nur bei sexueller Fortpflanzung stattfindet. Eine Mutterzelle teilt sich in vier Tochterzellen mit je der Hälfte der Chromosomen. Sie bilden die Keimzellen oder Gameten: Bei Tieren sind das Spermien und Eier, bei Pflanzen Pollen und Samenanlagen. Die Gameten zweier Individuen verschmelzen später bei der Befruchtung zu einer Zygote mit einem vollen Chromosomensatz. Entscheidend ist, dass die Meiose die Gene »neu mischt« und so Variation entsteht, ein Hauptfaktor der natürlichen Selektion (siehe S. 121).

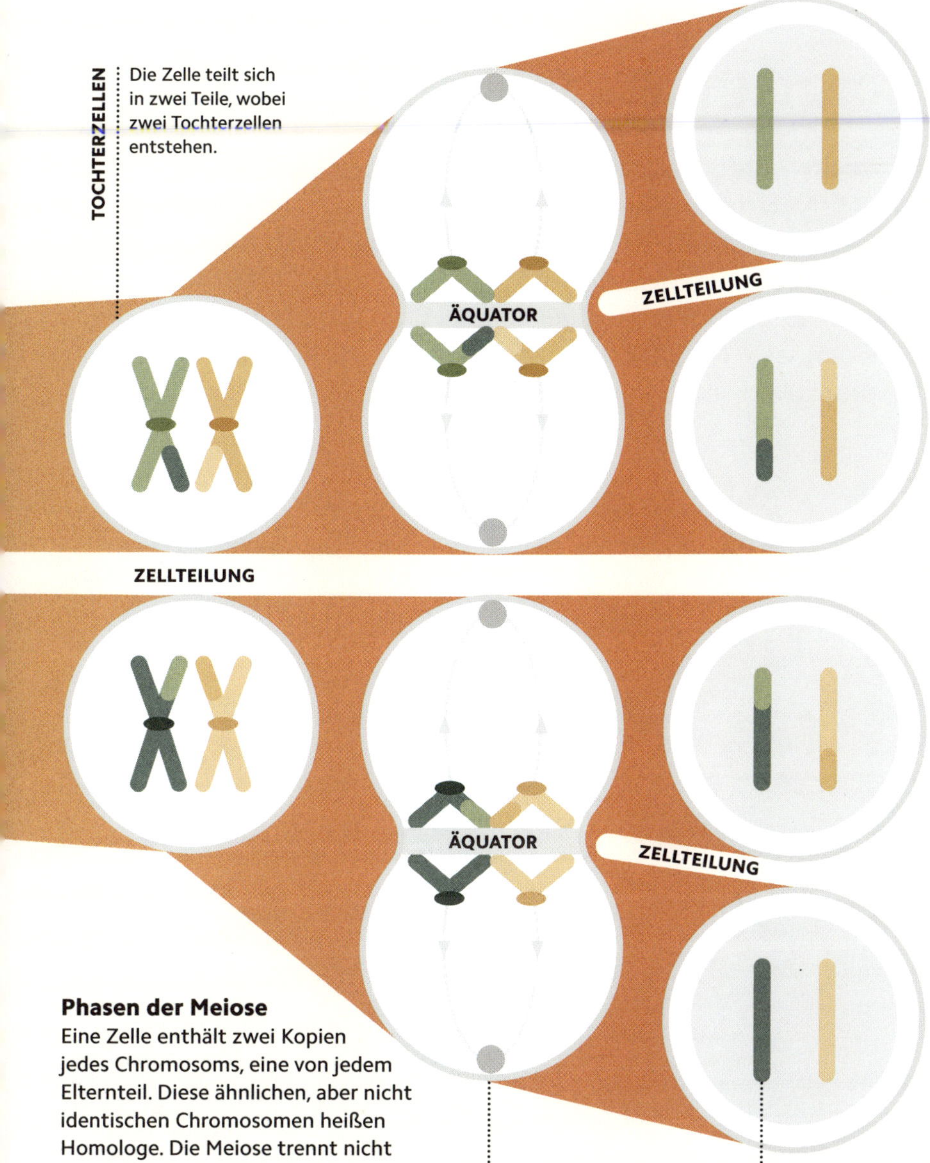


**TOCHTERZELLEN** Die Zelle teilt sich in zwei Teile, wobei zwei Tochterzellen entstehen.

**TRENNUNG 2** Die Tochterzellen teilen sich auf ähnliche Weise wie bei der Mitose (siehe S. 114–115).

**HAPLOIDE ZELLEN** Das Gesamtergebnis der Meiose sind vier haploide Zellen, die sich zu Geschlechtszellen entwickeln werden.

## Phasen der Meiose

Eine Zelle enthält zwei Kopien jedes Chromosoms, eine von jedem Elternteil. Diese ähnlichen, aber nicht identischen Chromosomen heißen Homologe. Die Meiose trennt nicht nur die Schwesterchromatiden (wie die Mitose), sondern auch die Homologen. Die entstehenden Gametenzellen sind haploid, d.h., sie haben die Hälfte der Chromosomenzahl der Eltern.

# GENE KOMBINIEREN

Die meisten Organismen haben zwei Chromosomensätze, denn bei der sexuellen Fortpflanzung wird je ein Satz von jedem Elternteil vererbt. Die Zellen tragen also zwei Kopien jedes Gens und von jedem Gen gibt es mehrere Varianten, Allele genannt. Die Kombination der Allele eines Individuums bestimmt seine genetische Ausstattung, den Genotyp, der wiederum seine Merkmale, den Phänotyp, festlegt. Einige Allele maskieren die Auswirkungen anderer Allele, man bezeichnet sie als dominant.

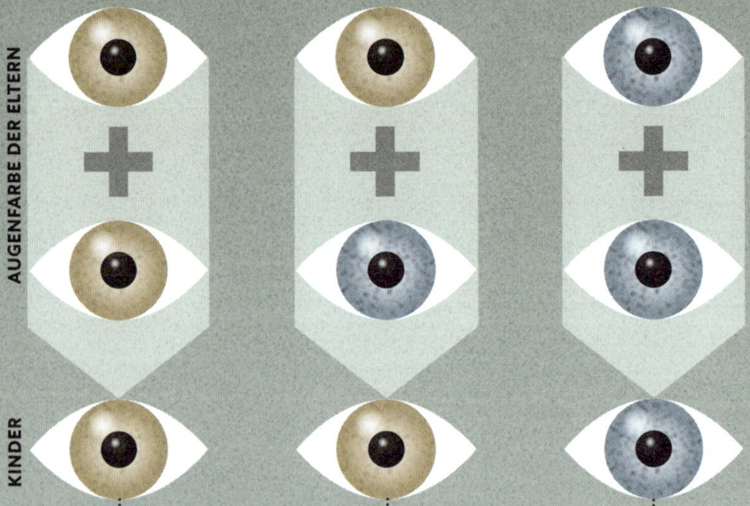


Wenn beide Eltern braune Augen haben, werden auch die Nachkommen braune Augen haben.

Wenn ein Elternteil braune Augen hat, werden auch die Nachkommen braune Augen haben.

Nur wenn beide Eltern blaue Augen haben, haben auch die Kinder blaue Augen: Das Allel dafür ist rezessiv.

**Dominant und rezessiv**
Viele verschiedene Gene und Allele bestimmen die Pigmentierung beim Menschen. So existiert ein Gen für die Augenfarbe in zwei Allelen. Ein Allel erzeugt braune Augen, das andere blaue Augen. Allerdings ist das Allel für braune Augen dominant gegenüber dem für blaue Augen.

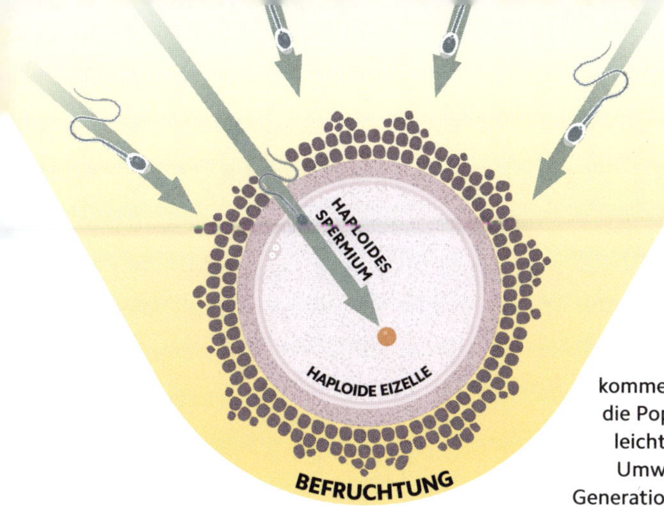


**Geschlechtliche Fortpflanzung**
Die Meiose, bei der haploide Spermien und Eizellen entstehen, führt durch Rekombination genetische Variation unter den Nachkommen ein (siehe S. 116). So wird die Population vielfältig, kann sich leichter an Veränderungen in der Umwelt anpassen und über viele Generationen neue Arten entwickeln.

# WEGE DER VERMEHRUNG

Die geschlechtliche oder sexuelle Fortpflanzung erfordert die Bildung von Keimzellen durch Meiose (siehe S. 116–117). Bei der Befruchtung verschmelzen eine männliche und eine weibliche Keimzelle und ein neuer Organismus entsteht aus den Genen von beiden Eltern. Bei der ungeschlechtlichen oder asexuellen Fortpflanzung ist keine Meiose nötig, etwa wenn sich ein Teil eines Lebewesens abtrennt und dann zu einem eigenständigen Organismus wird.

> »Die Blume ist die Poesie der Fortpflanzung.«
> Jean Giraudoux

**Ungeschlechtliche Fortpflanzung**
Hier sind die Nachkommen genetisch identisch mit ihren Eltern. Sie können meist schnell produziert werden, sodass sie freie Lebensräume rasch besetzen, aber sie sind weit weniger in der Lage, sich an veränderte Bedingungen anzupassen.

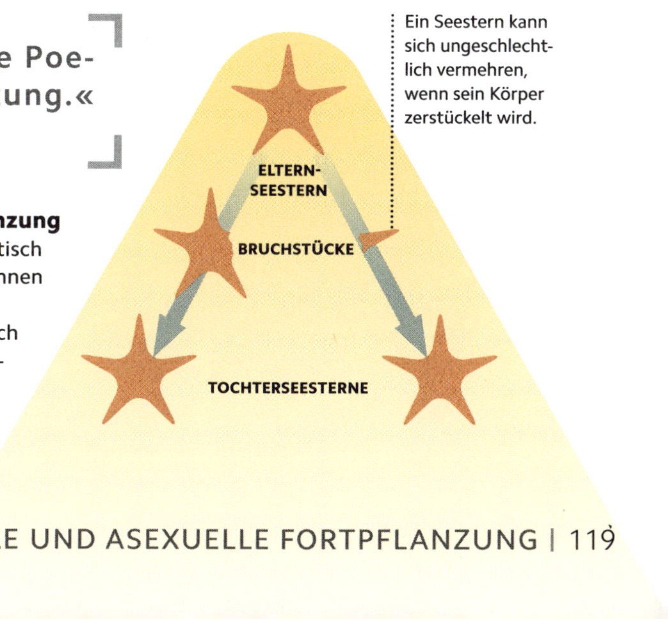

# GENE, INDIVIDUEN UND POPULATIONEN

Die Gesamtheit der Gene eines Organismus nennt man sein Genom. Viele Gene kommen in verschiedenen Varianten oder Allelen vor (siehe S. 118). Der individuelle Satz von Allelen bei einem Lebewesen unterscheidet es genetisch von anderen Individuen seiner Art und wird als Genotyp bezeichnet. Bei vielen Genen gibt es zahlreiche verschiedene Allele, sodass es innerhalb einer Art enorm viele unterschiedliche Kombinationen von Allelen gibt. Die Gesamtheit der Gene und Allele, die in allen Individuen einer Population vorhanden sind, wird als Genpool bezeichnet.

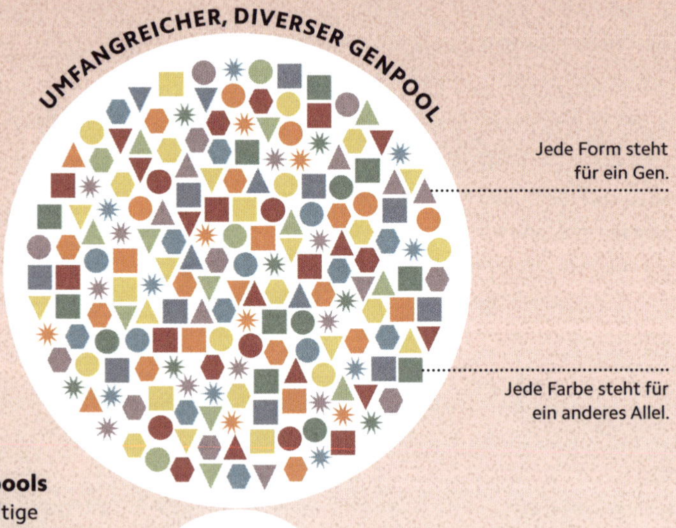


**Größe des Genpools**
Eine große, vielfältige Population hat typischerweise einen umfangreichen Genpool. Diese Populationen können sich besser an Umweltveränderungen anpassen als solche mit einem kleinen Genpool und einer geringeren Vielfalt.

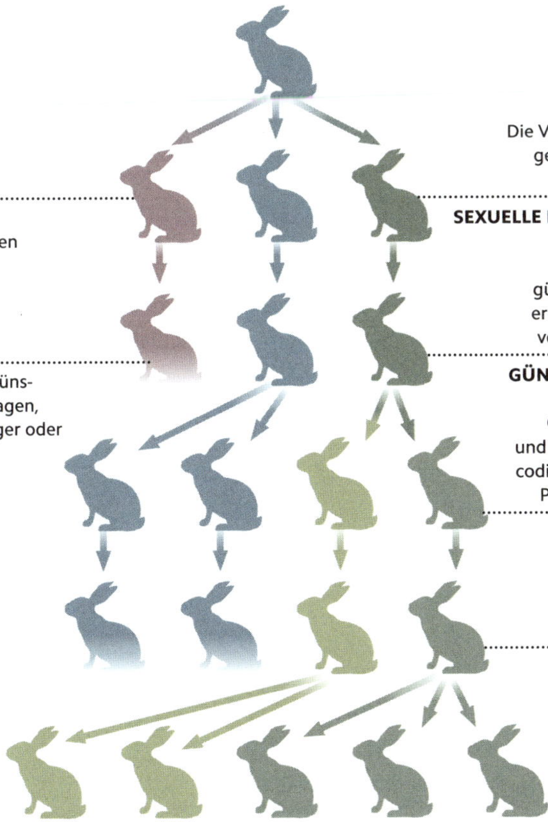


# NUR EINIGE ÜBERLEBEN

Lebewesen passen sich durch natürliche Selektion oder Auslese an eine sich verändernde Umwelt an. Sie ist die Triebkraft der Evolution und der Entstehung der Arten (siehe S. 122). Die Individuen einer Population variieren und weitere Variationen entstehen durch Mutationen, z.B. Kopierfehler in der DNA bei der Zellteilung, und durch die geschlechtliche Fortpflanzung, die die Allele »mischt« (siehe S. 116). Einige Individuen haben Merkmale, die ihr Überleben in ihrer Umwelt und ihre Fortpflanzung wahrscheinlicher machen. Diese Merkmale und ihre Allele werden daher häufiger an zukünftige Generationen weitergegeben.

# GEBURT EINER NEUEN ART

Eine Art ist eine Gruppe von Lebewesen, die sich erfolgreich miteinander fortpflanzen können. Neue Arten entstehen oft, wenn eine Population in isolierte Gruppen getrennt wird, etwa wenn ein Teil der Population abwandert oder durch natürliche Barrieren abgeschnitten wird. Dann können sich die Gruppen durch natürliche Selektion (siehe S. 121) verschieden entwickeln, bis sie sich nicht mehr kreuzen können: Es ist eine neue Art entstanden. Neue Arten können sich auch am gleichen Ort wie die Elternart bilden. Dies ist bei Pflanzen häufiger als bei Tieren.

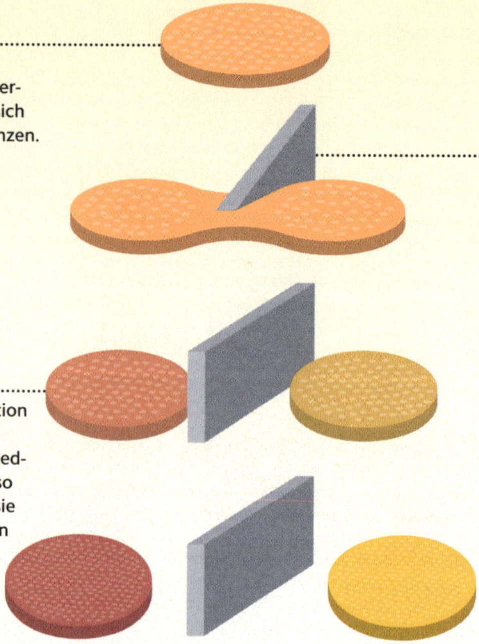

**ELTERNART**

Individuen (hier durch Punkte dargestellt) innerhalb einer Art können sich untereinander fortpflanzen.

**NEUE BARRIEREN**

Ein natürliches Hindernis, wie z. B. ein neu entstandener Fluss, spaltet die Population in zwei Teile.

**ISOLIERTE POPULATIONEN**

Durch natürliche Selektion entwickeln sich in den Populationen unterschiedliche Merkmale, bis sie so verschieden sind, dass sie zwei verschiedene Arten bilden.

**Allopatrische Artbildung**

Wenn Arten durch die Trennung und Isolierung von Populationen entstehen, nennt man dies allopatrische Speziation oder Artbildung. Bei sympatrischer Artbildung entstehen neue Arten an einem Ort.

# VERSCHWUNDEN

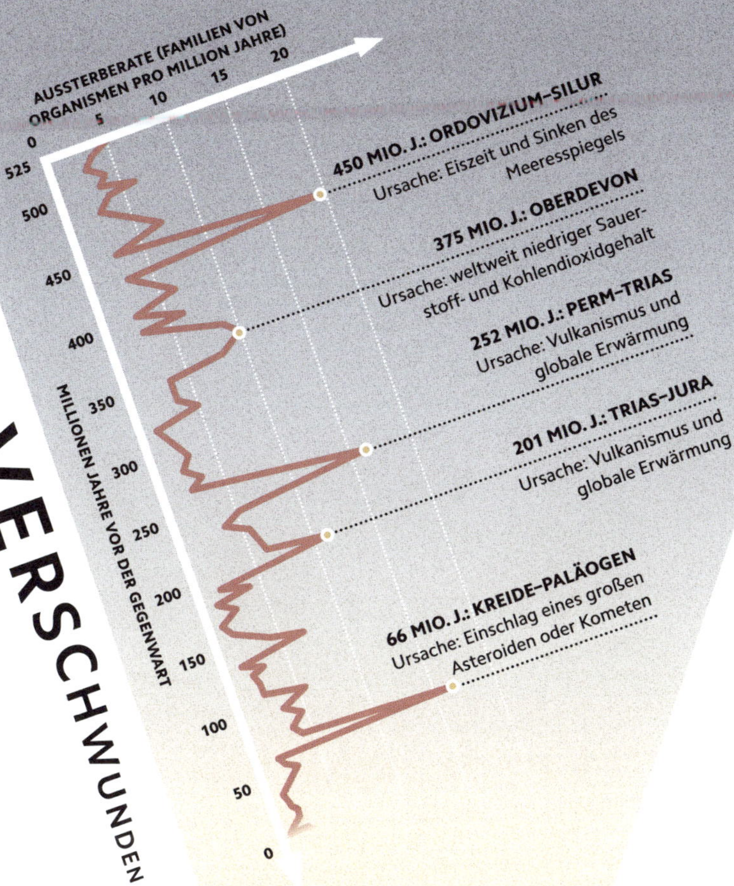


Arten entstehen neu, verschwinden aber auch wieder. Tatsächlich sind über 99 Prozent aller Arten, die es je auf der Erde gab, heute ausgestorben. Die Ursachen sind vielfältig: So kann sich die Umwelt zu schnell verändern, um sich anzupassen, oder Arten werden von besser angepassten verdrängt oder durch Krankheiten oder Naturkatastrophen ausgelöscht. Oft sterben einzelne Arten aus, manchmal aber auch viele zugleich. Die Fossilüberlieferung zeigt in der Erdgeschichte fünf Massenaussterbeereignisse, die jeweils über 75 Prozent der damaligen Arten auslöschten. Viele Forschende denken, dass wir gerade ein sechstes Massenaussterben aufgrund menschlicher Aktivitäten erleben.

**Habitat-Vielfalt**
Ein Ökosystem kann viele einzelne Habitate enthalten. In einem Wald gibt es z. B. verschiedene Lebensräume in den Baumkronen, auf dem Waldboden, im Erdreich oder in Baumhöhlen.

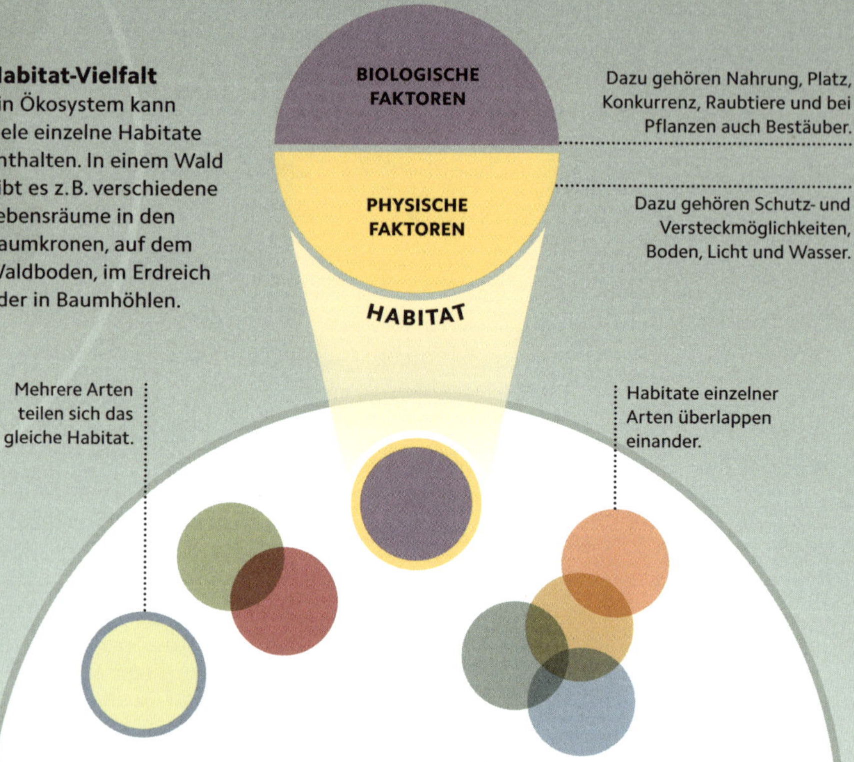


# LEBENSRÄUME

Das Gebiet, in dem ein Lebewesen oder eine Gemeinschaft lebt, heißt Lebensraum oder Habitat. Es umfasst alle physischen und biologischen Faktoren, die der Organismus braucht. Das größere Konzept des Ökosystems umfasst dagegen alle Organismen in einem Gebiet sowie die Gesamtheit ihrer Wechselwirkungen untereinander und mit der physischen Umwelt. Lebensräume und Ökosysteme sind sehr unterschiedlich groß, von winzigen Tümpeln bis hin zu riesigen Ozeanen.

ÖKOSYSTEM

# NETZE DES LEBENS

In einem Ökosystem tauschen die Organismen Energie und Nährstoffe aus. Die Pflanzen nutzen als Produzenten die Energie des Sonnenlichts, um durch Fotosynthese energiereiche chemische Verbindungen herzustellen. Von ihnen ernähren sich Tiere – direkt als Pflanzenfresser oder Primärkonsumenten und indirekt als fleischfressende Tiere oder Sekundär- und Tertiärkonsumenten. Zersetzer, bei denen es sich um Mikroben, Pflanzen, Pilze oder Tiere handeln kann, verzehren tote Organismen und setzen dabei die Nährstoffe in deren Körpern frei. All diese Beziehungen lassen sich grafisch in einem Nahrungsnetz darstellen.

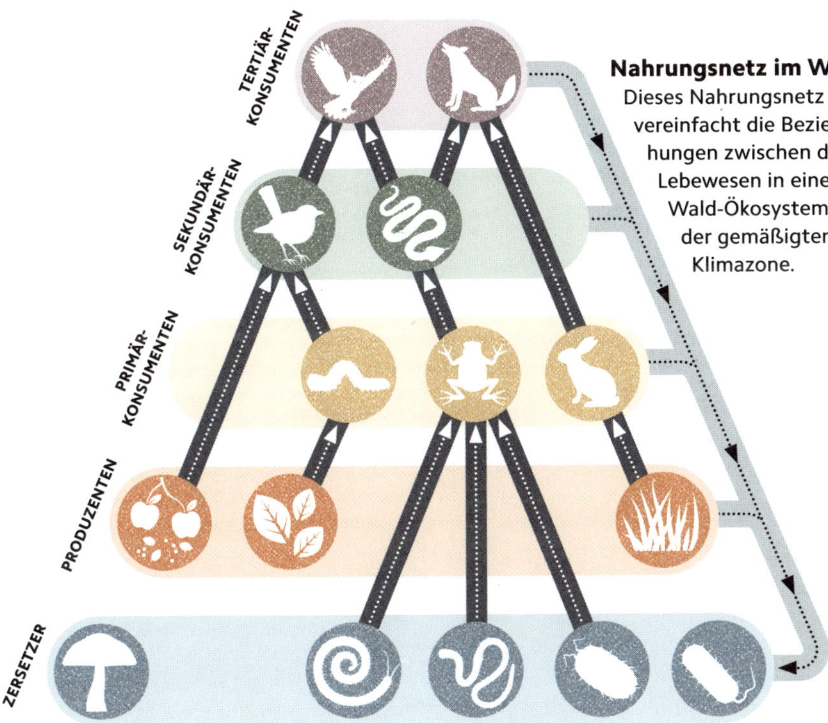


**Nahrungsnetz im Wald**
Dieses Nahrungsnetz zeigt vereinfacht die Beziehungen zwischen den Lebewesen in einem Wald-Ökosystem der gemäßigten Klimazone.

# ERDE

**Den Aufbau und die Struktur** unseres Planeten bestimmen Prozesse, die vor 4,6 Milliarden Jahren begannen und bis heute andauern. Zerstörerische Vulkanausbrüche und Erdbeben erinnern uns oft daran. Die dünne Gesteinskruste, auf der wir leben, formen Vorgänge, die von der Wärme aus dem Erdinneren und der Strahlung der Sonne angetrieben werden. Die Sonnenenergie treibt die Strömungen der Ozeane und der Atmosphäre, die das Klima bestimmen und Wasser rund um den Globus transportieren. Die Merkmale der Erdoberfläche – Berge, Meere und Gletscher – entstehen aus dem Zusammenspiel der Kräfte von unten und oben.

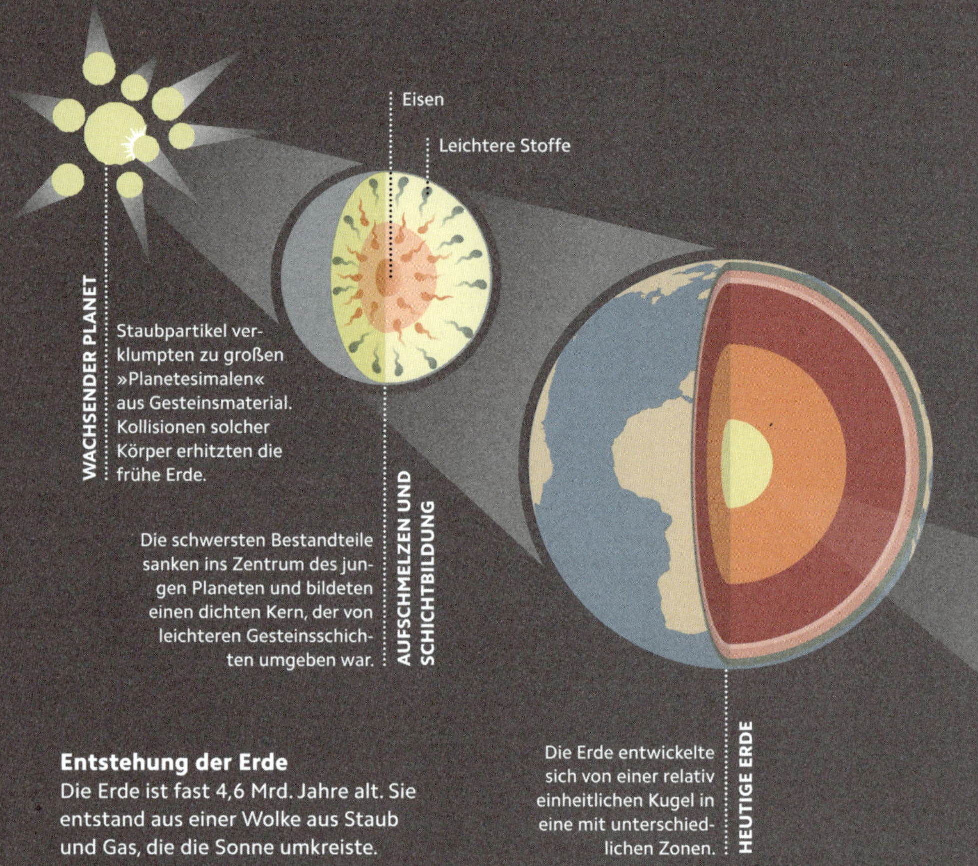


**Entstehung der Erde**
Die Erde ist fast 4,6 Mrd. Jahre alt. Sie entstand aus einer Wolke aus Staub und Gas, die die Sonne umkreiste.

# SCHICHTEN DES PLANETEN

Die Erde hat einen Durchmesser von 12 756 Kilometern – schon antike Griechen konnten diesen Wert schätzen. Man kann zwar nicht direkt ins Erdinnere sehen, aber unser Wissen darüber erweitert sich seit etwa hundert Jahren immer mehr. Technische Fortschritte bei der Messung und Analyse von Schwerkraftdaten, Magnetfeldern und seismischen Wellen (Erdbebenwellen) sowie ausgefeilte Computermodelle zeigen uns den Schichtaufbau der Erde und die in den Schichten ablaufenden Prozesse. Meteoriten helfen, die Zusammensetzung des Erdinneren zu verstehen.

## Bohrungen haben bisher nur die obersten 12 Kilometer der Erdkruste durchdrungen.

**INNERER KERN**

Der innere Kern aus festen Metallen – hauptsächlich Eisen und Nickel – ist einem Druck von 3 Mio. Atmosphärendrucken und Temperaturen von über 5000 °C ausgesetzt.

**ÄUSSERER KERN**

Der äußere Kern besteht aus geschmolzenem Eisen und Nickel, das durch natürlichen radioaktiven Zerfall erhitzt wird. Strömungen in ihm rufen elektrische Ströme hervor, die wiederum das Magnetfeld der Erde erzeugen.

**LITHOSPHÄRE**

Die oberste Schicht des oberen Mantels (lithosphärischer Mantel) und die Kruste bilden zusammen die Lithosphäre, die auf der darunter liegenden Asthenosphäre »schwimmt«.

**ASTHENOSPHÄRE**

Diese halbfeste Schicht ist verformbar und kann über sehr lange Zeiträume hinweg fließen.

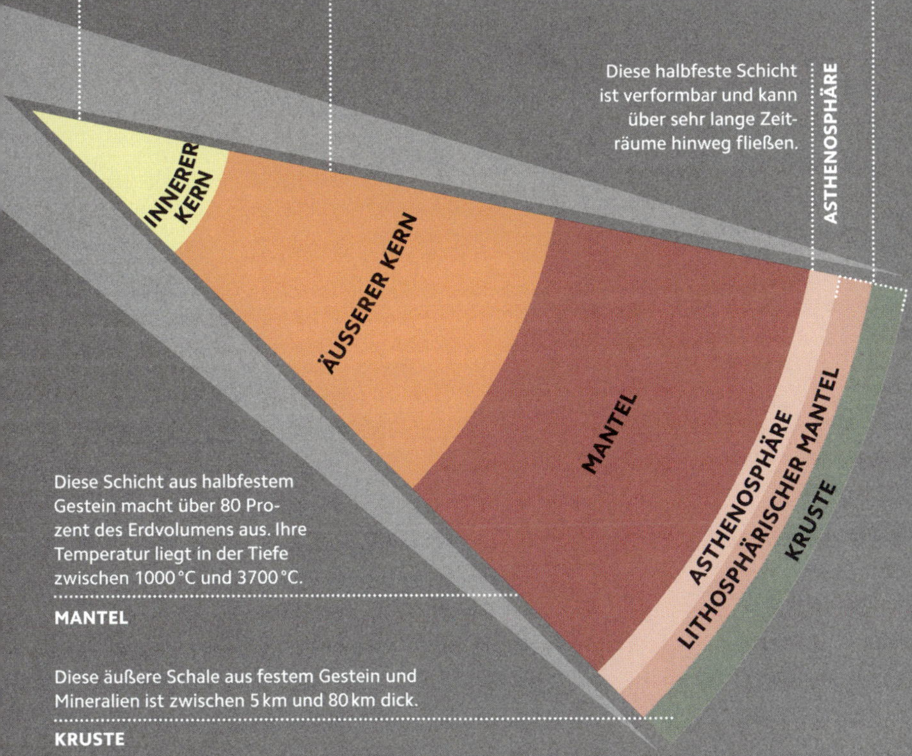


Diese Schicht aus halbfestem Gestein macht über 80 Prozent des Erdvolumens aus. Ihre Temperatur liegt in der Tiefe zwischen 1000 °C und 3700 °C.

**MANTEL**

Diese äußere Schale aus festem Gestein und Mineralien ist zwischen 5 km und 80 km dick.

**KRUSTE**

## Wo Platten aneinanderstoßen

An ihren Grenzen können die Platten miteinander kollidieren (konvergente Grenzen), sich auseinander bewegen (divergente Grenzen) oder aneinander vorbeigleiten (Transformstörungen).

**DIVERGENTE PLATTENGRENZE** Wo sich Platten auseinander bewegen, kommt es zu Erdbeben. Magma steigt am Meeresboden auf, erstarrt und bildet neue ozeanische Kruste.

**SCHUB DURCH SPREIZUNG** Platten der starren Lithosphäre gleiten von der heißen, angehobenen Asthenosphäre am Rücken hangabwärts nach außen und treiben so die Plattenbewegung.

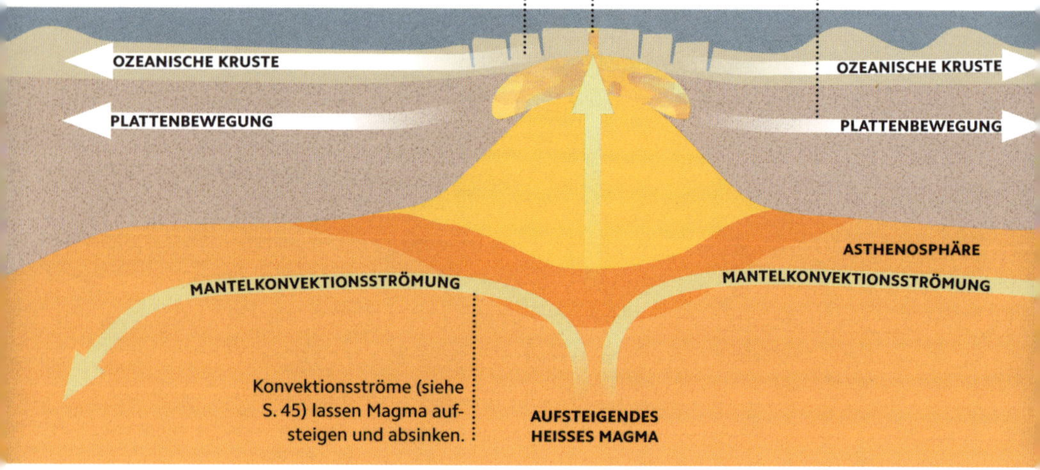


## Puzzlespiel aus Platten

Die Lithosphäre setzt sich aus der Kruste und dem lithosphärischen Mantel zusammen. Sie ist in sieben Hauptplatten und viele Nebenplatten unterteilt. Die Kruste unter den Ozeanen ist weniger als 15 km dick und besteht aus relativ jungem Gestein. Die kontinentale Kruste ist dicker und in der Regel älter.

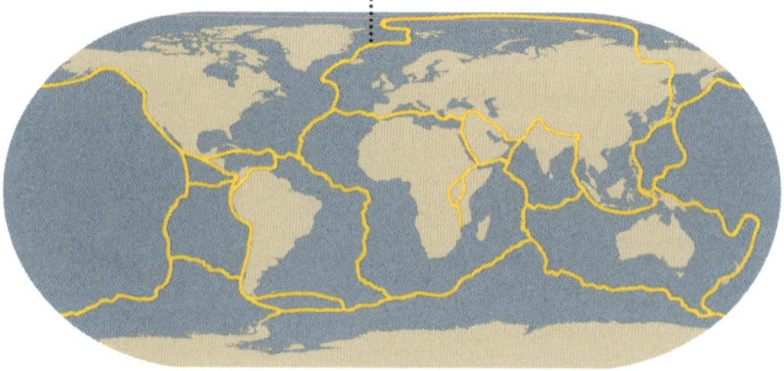

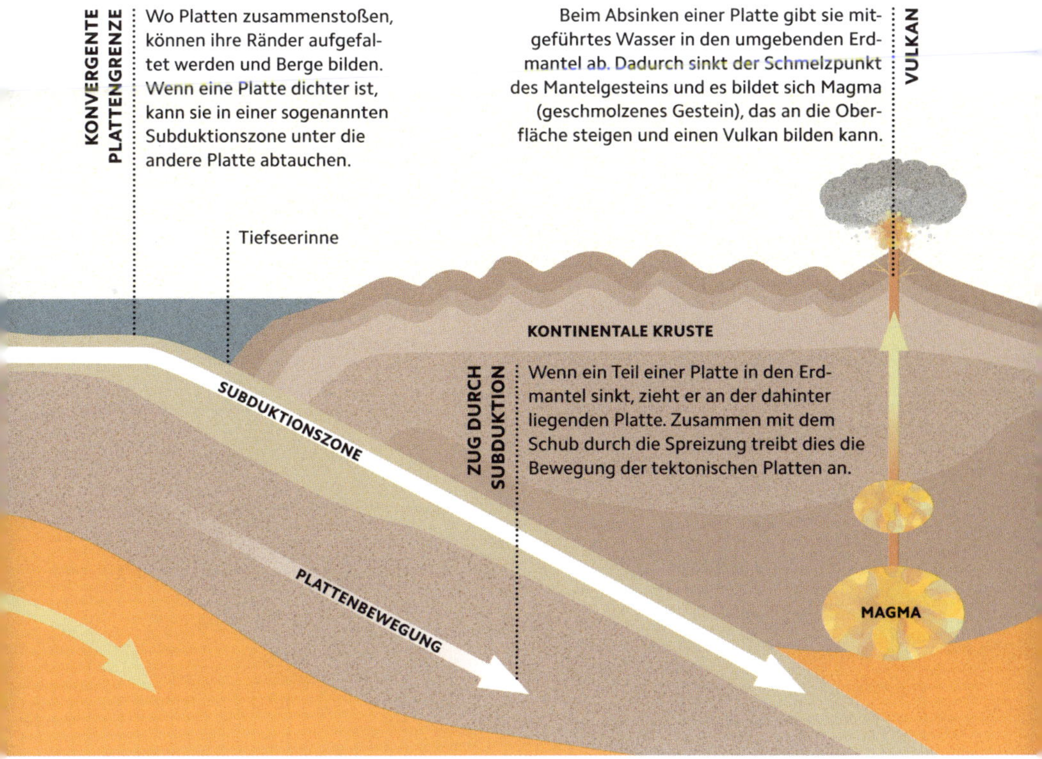


# DRIFTENDE OBERFLÄCHE

Die Theorie der Plattentektonik revolutionierte ab etwa 1960 die Geowissenschaften, da sie eine einheitliche, stimmige Erklärung für so unterschiedliche Phänomene wie Vulkane, Erdbeben, Gebirgsbildung und die Verteilung der Gesteinsarten in der Erdkruste lieferte. Sie geht davon aus, dass die äußere Hülle der Erde – die feste, aber spröde Lithosphäre – in Platten aufgeteilt ist, die die Kontinente tragen. Diese Platten »schwimmen« auf der Asthenosphäre und bewegen sich relativ zueinander. Ihre Bewegung über Jahrmilliarden hinweg verändert die Form und Position der Kontinente.

Vulkane entstehen, wenn Magma (geschmolzenes Gestein) an der Erdoberfläche ausbricht. Sie haben oft die Form eines Kegels mit einem Krater (einer Mulde) am Gipfel. Die meisten bilden sich an den Grenzen tektonischer Platten (siehe S. 130–131), aber einige entstehen in der Mitte von Platten über sehr heißen Magmaströmen. Etwa drei Viertel der aktiven Vulkane der Erde befinden sich im »Feuerring« an den Rändern des Pazifischen Ozeans, wo die tektonische Aktivität sehr hoch ist.

# AKTIVE ERDE

# BEBENDER BODEN

**Ein Erdbeben der Stärke 8 setzt so viel Energie frei wie die Explosion von 15 Millionen Tonnen TNT.**

**HYPOZENTRUM UND EPIZENTRUM**
Der Erdbebenherd oder das Hypozentrum ist der Punkt in der Tiefe, von dem das Erdbeben ausgeht. Das Epizentrum ist der Punkt an der Erdoberfläche genau über dem Herd.

**SCHERZONE**
Gesteine an Plattengrenzen sind enormen Spannungen ausgesetzt. An den Scherzonen verformen sie sich oft und rekristallisieren.

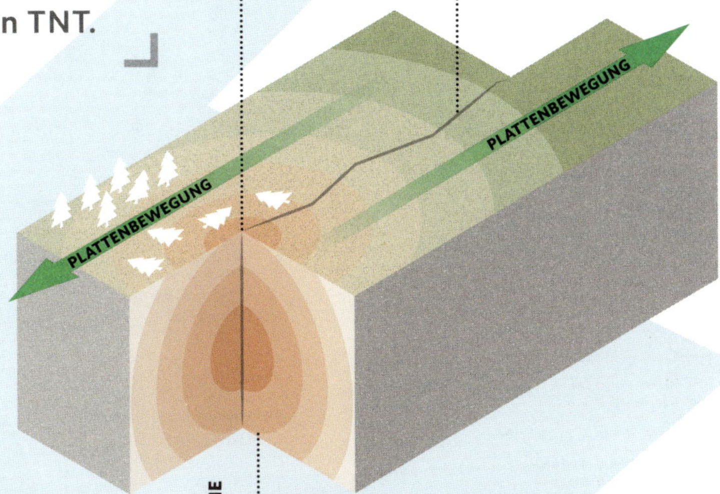


**SEISMISCHE WELLEN**
Die Energie, die bei der Bewegung der Gesteine frei wird, breitet sich durch Wellen im Gestein oder an der Oberfläche aus.

Wie Vulkane treten auch Erdbeben an konvergenten und divergenten Plattengrenzen (siehe S. 130–131) auf, aber auch an Transformstörungen, wo zwei Platten aneinander entlang gleiten. Sie verkanten sich dabei ständig, bis die Spannung im Gestein zu hoch wird, sie sich losreißen und die gespeicherte Energie plötzlich frei wird. Die Energie strahlt dann vom Erdbebenherd als Schockwellen im Gestein aus. Die freigesetzte Energie misst man mit der Momenten-Magnituden-Skala, die der älteren Richterskala ähnlich ist.

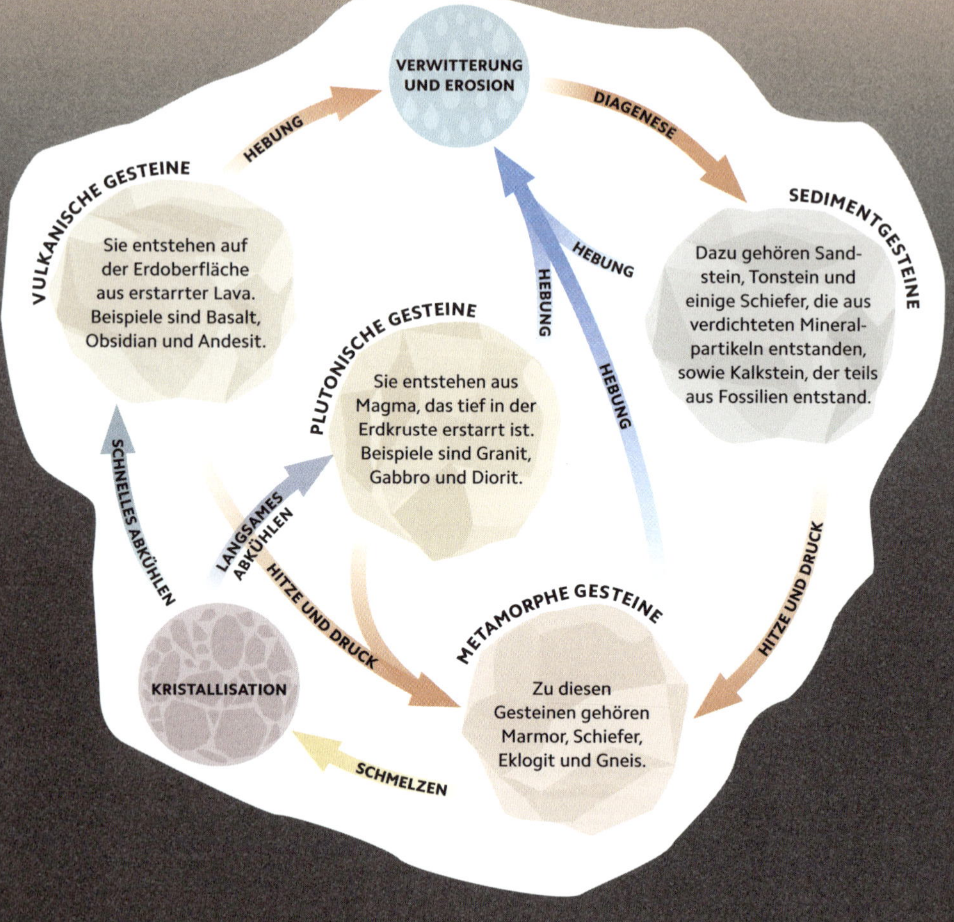


# VON GESTEIN ZU GESTEIN

Gesteine sind meist ein Gemisch von Mineralen. Viele sind reich an Kieselsäure, aber meist variiert ihre Zusammensetzung je nachdem, wo und wie sie entstanden. Die meisten sind magmatisch: Sie entstehen, wenn Magma erstarrt (siehe S. 130–131). Einige sind metamorph und entstehen durch die Umwandlung von älterem Gestein durch Hitze und Druck. Andere sind sedimentär, d.h., sie entstehen meist an der Oberfläche aus abgelagerten mineralischen oder biologischen Stoffen.

# ZIRKULIERENDES WASSER

Wasser ist für das Leben unerlässlich. Zahlreiche verflochtene Vorgänge bestimmen seine Verteilung und Qualität, und ihre Erforschung, die Hydrologie, ist gerade in Zeiten des Klimawandels wichtig. Wasser ist stets in Bewegung: Es verdunstet vom Land und aus den Meeren, kondensiert zu Wolken, sammelt sich als Flüssigkeit oder Eis und versickert im Boden. Dieser endlose Kreislauf bestimmt die Verfügbarkeit von Wasser und ist ein Schlüsselfaktor für die Wettermuster des Planeten.

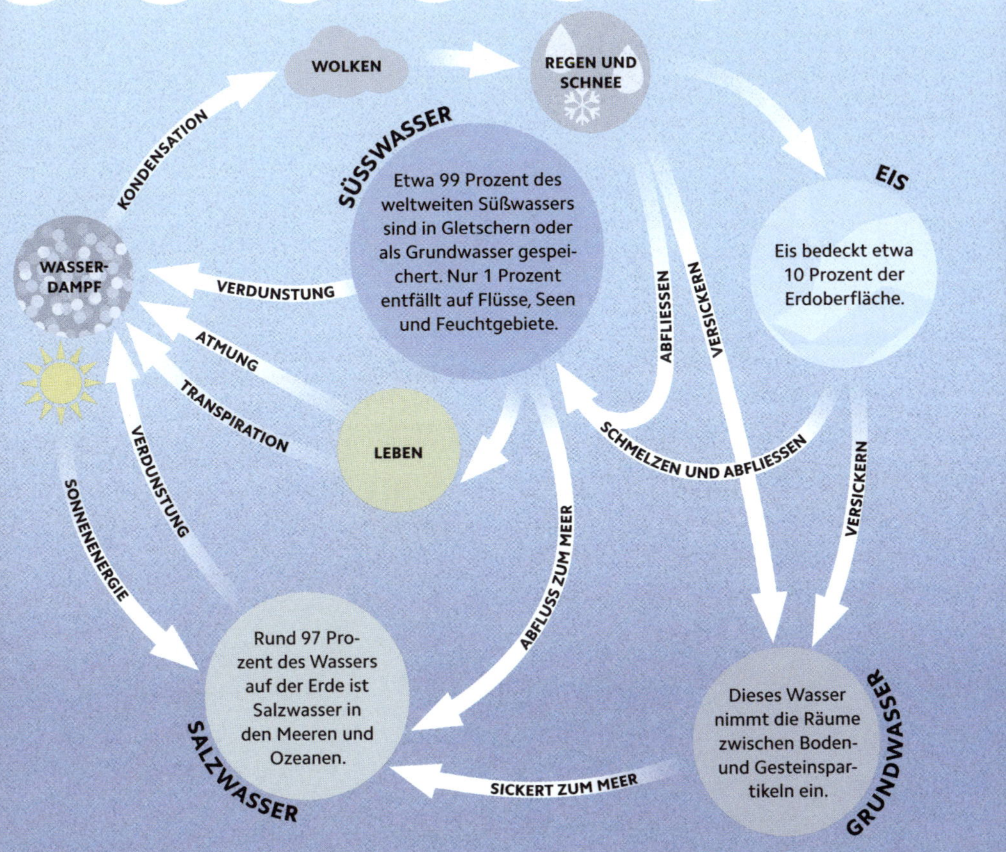

# EIN OZEAN AUS LUFT

Die dünne Schicht aus einem Gasgemisch um die Erde macht unseren Planeten bewohnbar. Sie ist nicht nur eine Quelle von Sauerstoff für die Atmung und von Kohlendioxid für die Fotosynthese, sondern schirmt auch schädliche Strahlung ab und speichert Wärme und Feuchtigkeit. In Höhen unterhalb von etwa 100 Kilometern ist die Zusammensetzung der Atmosphäre relativ konstant – überwiegend Stickstoff und Sauerstoff (siehe S. 25) –, wobei die Dichte und der Druck mit der Höhe abnehmen (siehe unten). In höheren Lagen überwiegen Gase wie Ozon, Helium und Wasserstoff.

**EXOSPHÄRE**
**600–10 000 km**

Hier geht die Atmosphäre in den Weltraum über. Die Exosphäre ist dem Sonnenwind – einem Strom schneller Teilchen, die von der Sonne ausgestoßen werden – ausgesetzt.

**THERMOSPHÄRE**
**80–600 km**

Die Luft ist in dieser Höhe so dünn, dass sie nur sehr wenig Energie übertragen kann, sodass die Thermosphäre extrem kalt ist. Ein Teil der Thermosphäre ist die Ionosphäre – eine Region, in der die Sonnenenergie Gase in Ionen und freie Elektronen aufspaltet.

**Schichten der Atmosphäre**
Meteorologen unterscheiden fünf Schichten in der Atmosphäre. Sie sind nicht durch ihre Höhe oder Zusammensetzung definiert, sondern durch die Temperaturgradienten innerhalb der Schichten.

**In einer Höhe von 18 km, der Armstrong-Grenze, ist der atmosphärische Druck so niedrig, dass das menschliche Blut kocht.**

# ERDATMOSPHÄRE

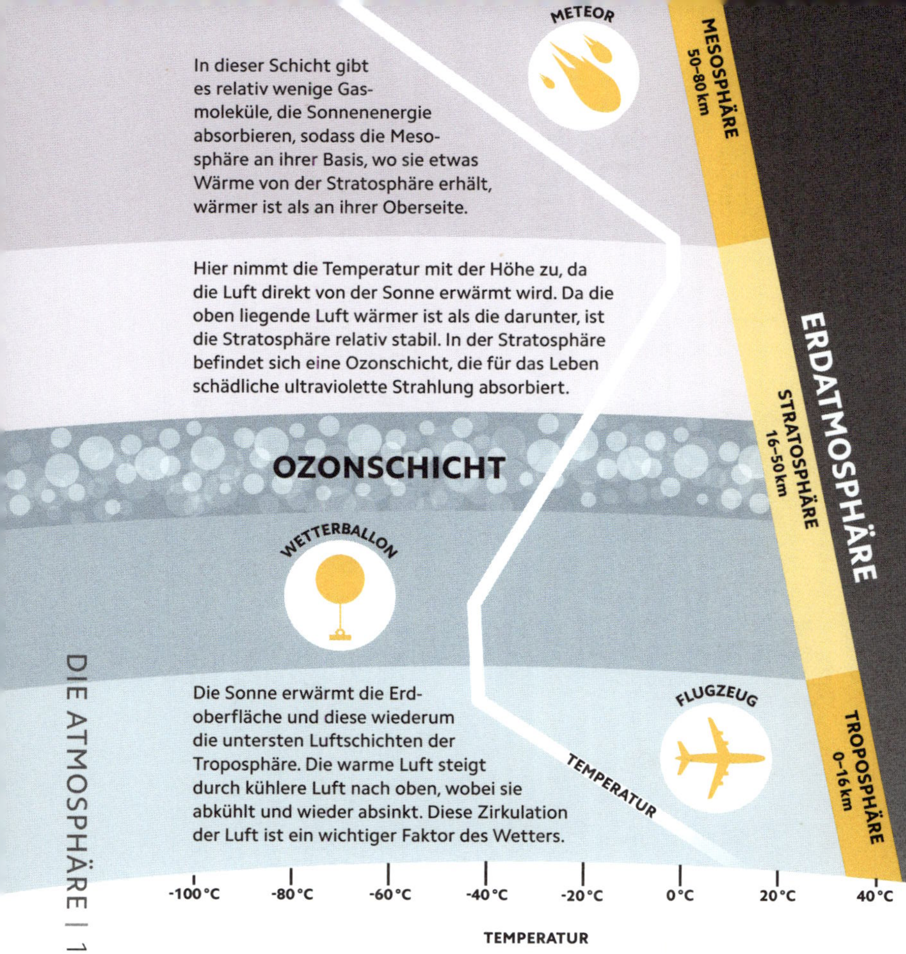


In dieser Schicht gibt es relativ wenige Gasmoleküle, die Sonnenenergie absorbieren, sodass die Mesosphäre an ihrer Basis, wo sie etwas Wärme von der Stratosphäre erhält, wärmer ist als an ihrer Oberseite.

Hier nimmt die Temperatur mit der Höhe zu, da die Luft direkt von der Sonne erwärmt wird. Da die oben liegende Luft wärmer ist als die darunter, ist die Stratosphäre relativ stabil. In der Stratosphäre befindet sich eine Ozonschicht, die für das Leben schädliche ultraviolette Strahlung absorbiert.

Die Sonne erwärmt die Erdoberfläche und diese wiederum die untersten Luftschichten der Troposphäre. Die warme Luft steigt durch kühlere Luft nach oben, wobei sie abkühlt und wieder absinkt. Diese Zirkulation der Luft ist ein wichtiger Faktor des Wetters.

Der Druck auf dem Mount Everest beträgt ein Drittel des Drucks auf Meereshöhe. In 100 km Höhe ist der Druck praktisch null.

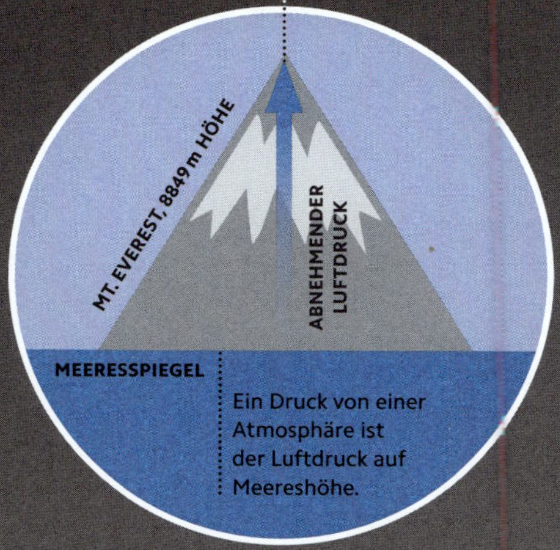


## Atmosphärendruck

Die Luft um uns herum übt einen Druck aus, der von ihrer Dichte und der Dicke der Luftschicht abhängt. Beide sind an der Erdoberfläche am größten, denn etwa 50 Prozent der Moleküle der Atmosphäre befinden sich in weniger als 7 km Höhe. Der Druck einer Erdatmosphäre entspricht einem Gewicht von 10 Tonnen, das auf eine Fläche von einem Quadratmeter wirkt.

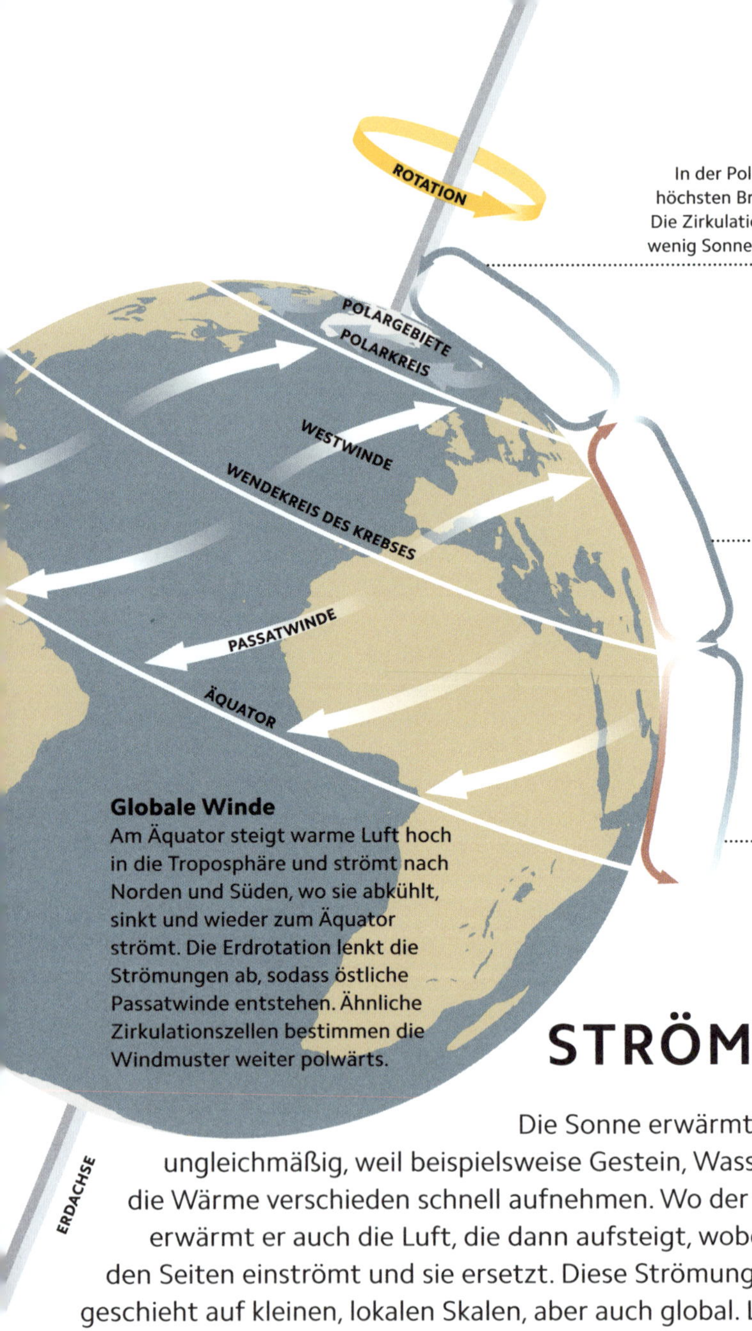


**Globale Winde**
Am Äquator steigt warme Luft hoch in die Troposphäre und strömt nach Norden und Süden, wo sie abkühlt, sinkt und wieder zum Äquator strömt. Die Erdrotation lenkt die Strömungen ab, sodass östliche Passatwinde entstehen. Ähnliche Zirkulationszellen bestimmen die Windmuster weiter polwärts.

# LUFT-STRÖMUNGEN

Die Sonne erwärmt die Erdoberfläche ungleichmäßig, weil beispielsweise Gestein, Wasser und Vegetation die Wärme verschieden schnell aufnehmen. Wo der Boden wärmer ist, erwärmt er auch die Luft, die dann aufsteigt, wobei kühlere Luft von den Seiten einströmt und sie ersetzt. Diese Strömung ist der Wind. Dies geschieht auf kleinen, lokalen Skalen, aber auch global. Lokal erwärmt sich zum Beispiel Luft an der Küste über dem Land schneller als über dem Meer. Sie steigt auf und Luft strömt vom Meer nach – eine Meeresbrise weht.

# WECHSELHAFTES WETTER

Wetterveränderungen gehen meist auf Bewegungen von Luftmassen mit unterschiedlicher Temperatur und Feuchtigkeit zurück, die Meteorologen als Luftdrucksysteme und Fronten beschreiben. Eine Front ist die Grenze zwischen zwei verschiedenen Luftmassen, zum Beispiel einer warmen, feuchten Luftmasse und einer kühlen, trockenen Luftmasse. Fronten wandern mit Windsystemen, und ihre Ankunft bringt Veränderungen der Temperatur, des Winds und der Niederschläge.

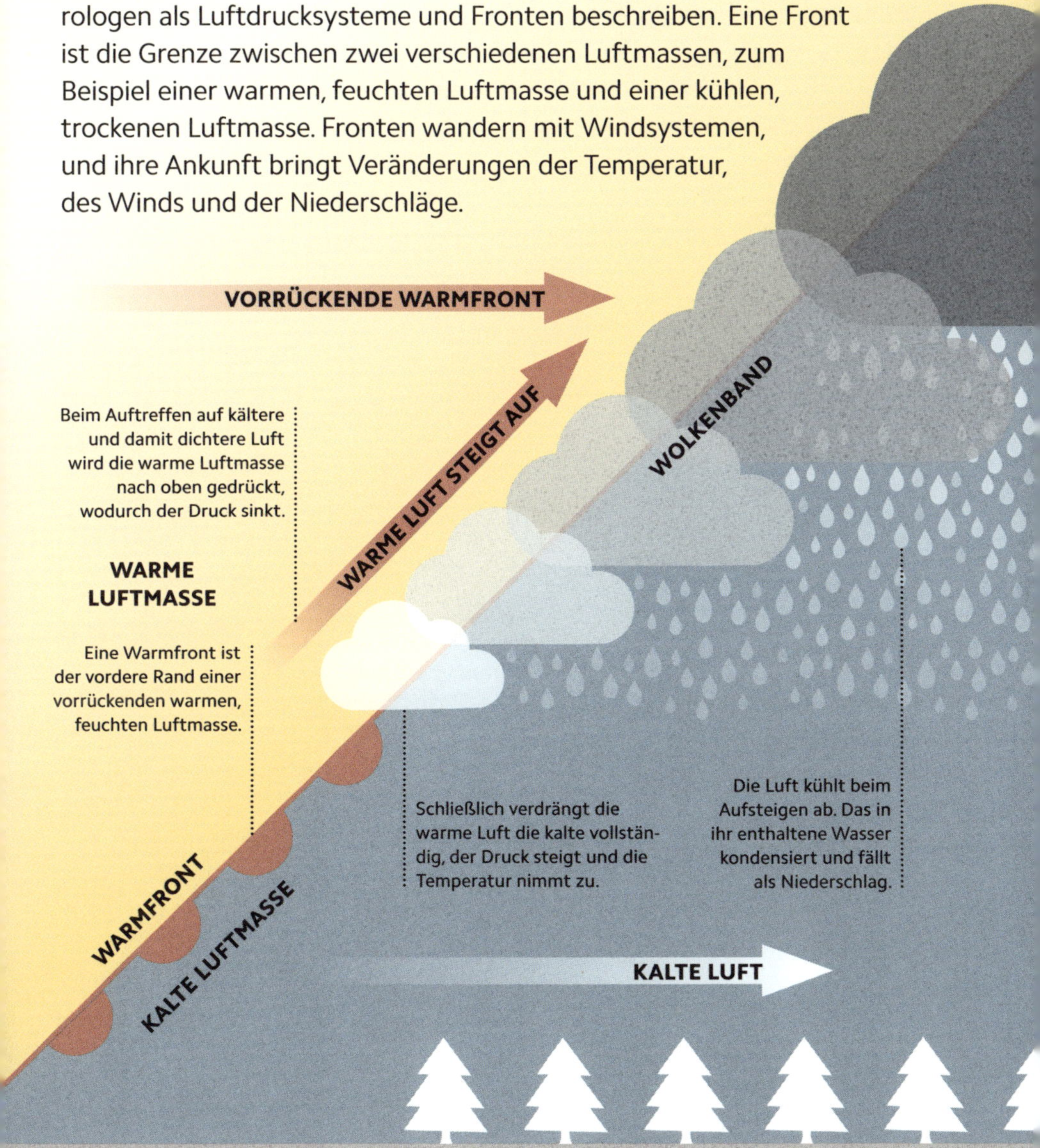

# WEGE DES KOHLENSTOFFS

Kohlenstoff ist für das Leben unerlässlich. Wie Wasser ist er eine endliche Ressource und durchläuft einen ständigen Kreislauf durch lebende und nicht lebende Dinge. Über 99 Prozent des Kohlenstoffs auf der Erde sind in Gesteinen wie Kalk und Sedimenten, die fossile Brennstoffe enthalten, gebunden. Der nächstgrößere Speicher sind die Ozeane, in denen er als gelöstes Kohlendioxid vorliegt, gefolgt von den Karbonatmineralien im Boden, dem Kohlendioxidgas in der Atmosphäre und schließlich den Lebewesen. Kohlenstoff bewegt sich auf vielen Wegen zwischen diesen Speichern und verbleibt darin unterschiedlich lange Zeiträume.

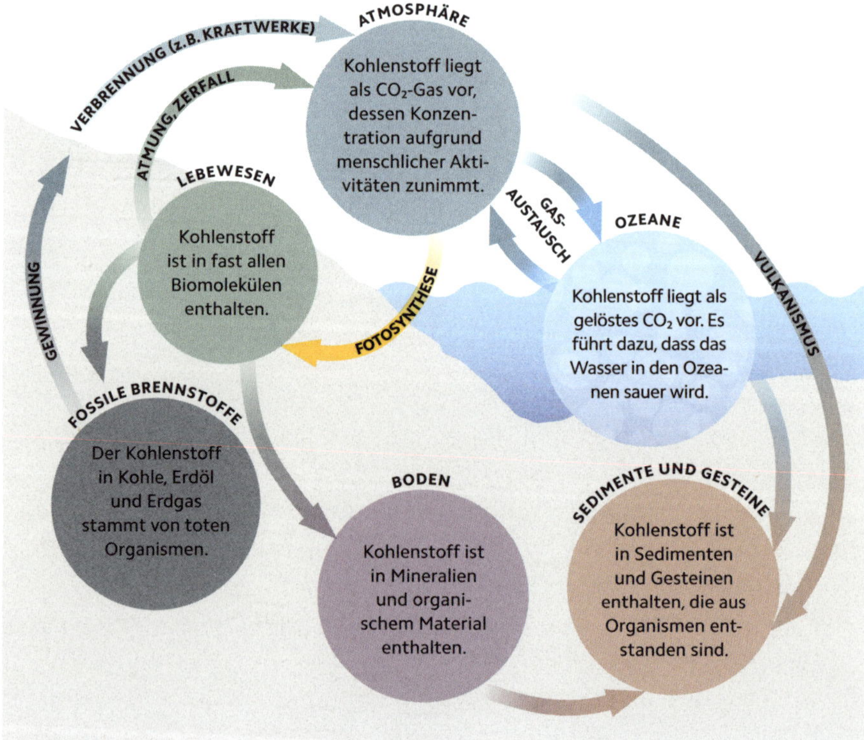

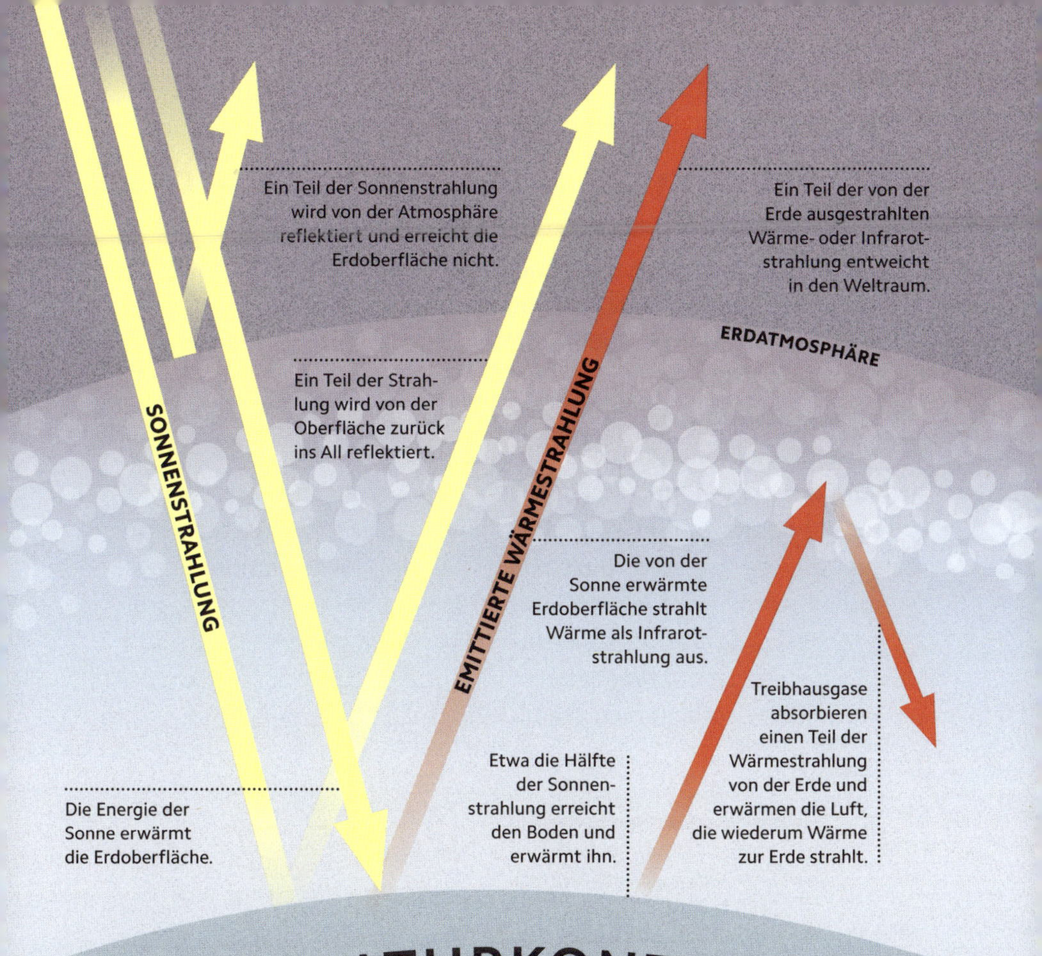


# TEMPERATURKONTROLLE

Die Atmosphäre, die dünne Gasschicht um die Erde, ist für die Regulierung der Oberflächentemperatur wichtig. Sie reflektiert einen Teil des Sonnenlichts ins All und mildert so die Tagestemperaturen. Zudem hält sie – ähnlich wie ein Treibhaus – einen Teil der Wärme zurück, die die Erde sonst in den Weltraum strahlen würde, und verhindert so extreme Kälte in der Nacht. Einige Gase, wie Kohlendioxid, Methan, und Wasser absorbieren diese Wärmestrahlung sehr effektiv: Sie heißen Treibhausgase. Sie sind für das Klima wichtig und die globalen Temperaturen reagieren sehr empfindlich auf ihre Konzentration in der Luft.

# ES WIRD WÄRMER

Das Erdklima zeigt natürliche Schwankungen, zum Beispiel aufgrund von Variationen der Umlaufbahn um die Sonne. Seit Mitte des 19. Jahrhunderts steigt die Durchschnittstemperatur auf der Erde jedoch in einem noch nie dagewesenen Ausmaß: seit 1880 um etwa 1,2 °C und bis 2100 wohl um 2,0–4,0 °C. Die Beweise dafür, dass dieser Anstieg durch menschliche Aktivitäten verursacht wird – vor allem durch die industrielle Verbrennung fossiler Brennstoffe – sind überwältigend. Die Freisetzung von Verbrennungsprodukten, besonders von Kohlendioxid, verändert den Kohlenstoffkreislauf (siehe S. 140) und ein großer Teil der vom Menschen produzierten Treibhausgase bleibt in der Atmosphäre.

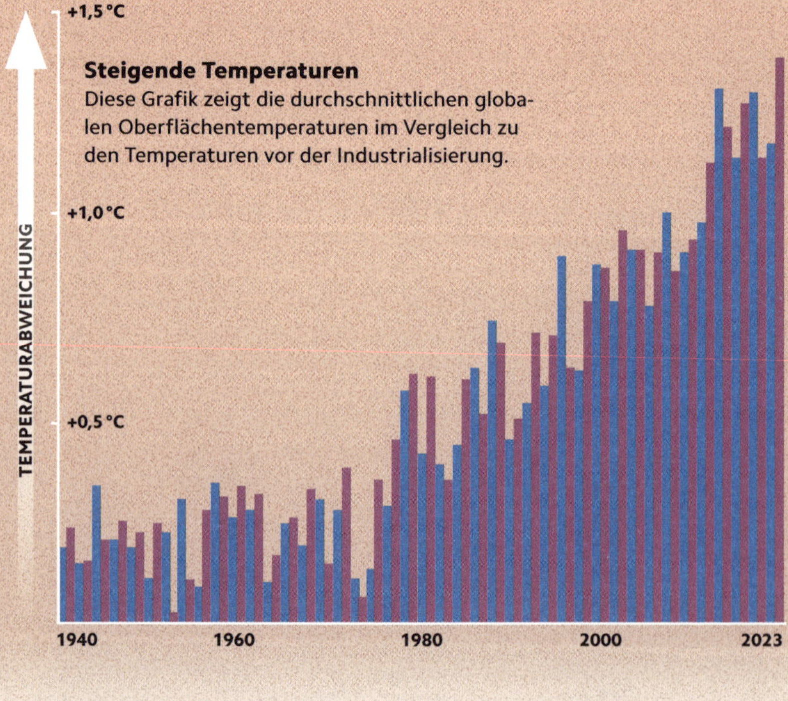


**Steigende Temperaturen**
Diese Grafik zeigt die durchschnittlichen globalen Oberflächentemperaturen im Vergleich zu den Temperaturen vor der Industrialisierung.

# GEFÄHRLICHE FOLGEN

Die globale Erwärmung hat weitreichende Auswirkungen. Die zusätzliche Wärmeenergie, die durch die Treibhausgase in der Atmosphäre gespeichert wird, ändert die Wettermuster und die Jahreszeiten – mit Folgen für alle Lebewesen. Früher seltene Extremwetterereignisse wie Hitzewellen oder Sturzregen werden häufiger und verursachen immer mehr verheerende Überschwemmungen, Waldbrände, Hungersnöte, Dürren und Stürme. Die globale Erwärmung hat durch das Abschmelzen von Gletschern und Eiskappen und die Wärmeausdehnung des Wassers auch direkte Auswirkungen auf den Meeresspiegel.

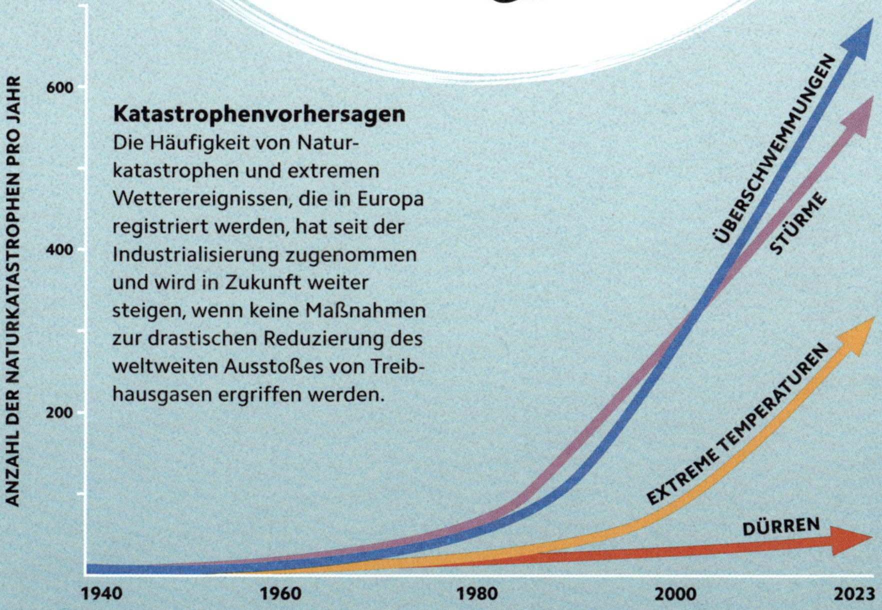


**Katastrophenvorhersagen**
Die Häufigkeit von Naturkatastrophen und extremen Wetterereignissen, die in Europa registriert werden, hat seit der Industrialisierung zugenommen und wird in Zukunft weiter steigen, wenn keine Maßnahmen zur drastischen Reduzierung des weltweiten Ausstoßes von Treibhausgasen ergriffen werden.

# A S T R O

# NOMIE

**Die menschliche Neugier** auf das Universum ist seit Jahrtausenden ungebrochen. Unsere Kenntnisse über den Ursprung und die Natur der Planeten und Sterne nehmen in den letzten Jahren enorm zu, vor allem dank verbesserter Techniken zur Beobachtung und Analyse astronomischer Phänomene. Entwicklungen in der Mathematik und in der Physik haben der Astronomie neue theoretische Grundlagen für die Erklärung einst unvorstellbarer Phänomene wie Schwarze Löcher und Dunkle Materie geliefert. Zudem haben sie gezeigt, dass die Eigenschaften von Sternen und Galaxien durch Prozesse bestimmt werden, die auf der Skala von Atomen und Elementarteilchen ablaufen.

**Lichtgeschwindigkeit**
Licht bewegt sich mit 300 000 km pro Sekunde durch das Vakuum des Weltraums. In einem Jahr legt es etwa 9,5 Bio. km zurück. Diese Entfernung nennt man Lichtjahr. Von der Erde aus können wir nur so weit sehen, wie das Licht in der Zeit seit dem Urknall zurücklegen konnte (siehe S. 154). Diese Entfernung beträgt 13,8 Mrd. Lichtjahre.

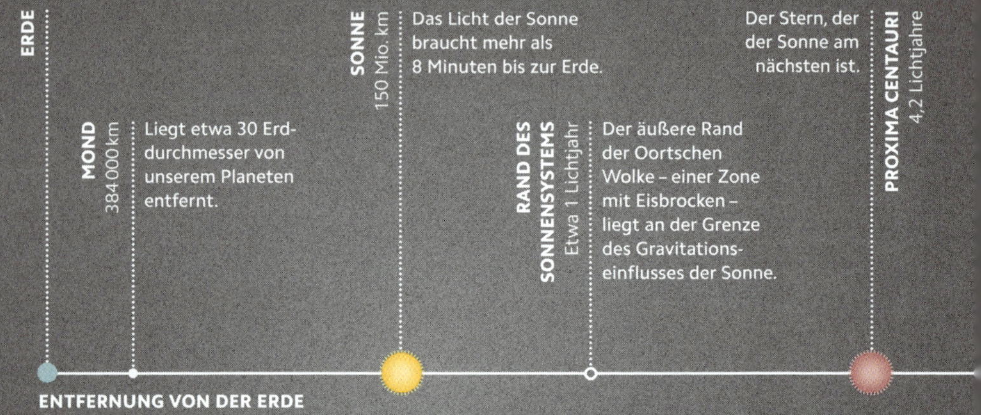


# ALLES DA DRAUSSEN

Die Größe des Universums ist unbekannt. Instrumente weisen Galaxien in mehr als 13,4 Milliarden Lichtjahren Entfernung nach, aber die Lichtgeschwindigkeit begrenzt, wie weit sie sehen können (siehe oben). Einige Kosmologen errechnen einen Durchmesser von mindestens 23 Billionen Lichtjahren, andere halten es für unendlich groß. Der Teil, den wir prinzipiell erkennen können, das beobachtbare Universum, umfasst die mehreren Hundertmilliarden Sterne unserer Galaxie, der Milchstraße, sowie Hunderte Milliarden weitere Galaxien. Sie alle bestehen aus Materie, die aber – erstaunlicherweise – nur einen kleinen Teil der Gesamtmasse des Universums ausmacht (siehe gegenüber).

**ZUSAMMENSETZUNG DES UNIVERSUMS**

Diese macht etwa 24 Prozent des Universums aus. Es ist unbekannt, woraus sie besteht – vielleicht aus unbekannten subatomaren Teilchen, die nicht mit elektromagnetischer Strahlung wechselwirken.

**DUNKLE MATERIE**

Diese wenig verstandene Energieform macht über 70 Prozent des Universums aus. Sie drückt das Universum auseinander und wirkt so der Schwerkraft entgegen.

**DUNKLE ENERGIE**

**GEWÖHN-LICHE MATERIE**

Sie umfasst alle sichtbaren Objekte des Universums, macht aber weniger als 5 Prozent der Gesamtmasse aus.

**ANDROMEDA-GALAXIE**
2,5 Mio. Lichtjahre

Die nächste Nachbargalaxie der Milchstraße

**RAND DER LOKALEN GRUPPE**
Etwa 5 Mio. Lichtjahre

Die Gruppe von Galaxien, zu der die Milchstraße gehört.

**FERNSTE BEKANNTE GALAXIE**
13,4 Mrd. Lichtjahre

Weltraumteleskope haben weit entfernte Galaxien nahe am Rand des beobachtbaren Universums entdeckt.

**RAND DES BEOBACHTBAREN UNIVERSUMS**
13,8 Mrd. Lichtjahre

Die Grenze, die uns die Lichtgeschwindigkeit setzt.

**DAS ÜBRIGE UNIVERSUM**
Vielleicht unendlich

Die Größe des Universums ist unbekannt.

**»Je begreiflicher uns das Universum wird, desto sinnloser erscheint es auch.«**

Steven Weinberg

### Gesteinsplaneten

Die vier inneren Planeten – Merkur, Venus, Erde und Mars – haben alle eine feste Gesteinsoberfläche.

**SONNE**

Die Sonne enthält den größten Teil der Masse des Sonnensystems. Die Planeten umkreisen die Sonne auf annähernd kreisförmigen Bahnen.

**MERKUR** (0,39 AE)

Merkur umkreist die Sonne in 88 Tagen. Er ist ein kleiner Planet, etwas größer als unser Mond.

**VENUS** (0,72 AE)

Venus ist ähnlich groß wie die Erde und hat eine dichte Atmosphäre, die sie zum heißesten Planeten des Sonnensystems macht. Sie umkreist die Sonne alle 225 Tage.

**ERDE** (1,0 AE)

Die Erde hat genau den richtigen Abstand zur Sonne, bei dem es flüssiges Wasser auf der Oberfläche gibt.

**MARS** (1,52 AE)

Mars hat etwa den halben Durchmesser der Erde und eine dünne Atmosphäre, die zu niedrigen Oberflächentemperaturen führt. Er umkreist die Sonne alle 687 Tage.

**ASTEROIDENGÜRTEL** (2,2–3,2 AE)

In dieser Region kreisen Gesteinsobjekte, von denen der Zwergplanet Ceres mit einem Durchmesser von etwa 950 km das größte ist.

### Eine Frage des Maßstabs

Das Sonnensystem hat einen Durchmesser von etwa 30 Bio. km. Die Entfernungen innerhalb des Systems gibt man meist in Astronomischen Einheiten (AE) an, wobei 1 AE der Entfernung zwischen Erde und Sonne entspricht, also rund 150 Mio. km.

# UNSER HEIMATSYSTEM

Das Sonnensystem besteht aus allen Objekten auf Umlaufbahnen um die Sonne: acht Planeten und ihre Monde, mindestens fünf Zwergplaneten und kleinere Körper wie Kometen, Asteroiden, Stein- und Eisbrocken. Der größte Teil ist jedoch leerer Raum. Es entstand vor etwa 4,6 Milliarden Jahren, als eine dichte Staub- und Gaswolke in sich zusammenfiel, wohl aufgrund von Schockwellen einer Supernova, also der Explosion eines Sterns. Das Sonnensystem befindet sich im Orionarm, einem kleinen Spiralarm der Milchstraße. Es umkreist das Zentrum der Milchstraße mit etwa 828 000 Kilometern pro Stunde.

Jupiter hat etwa den 11-fachen Durchmesser der Erde und besitzt rund 80 Monde. Jede Umrundung der Sonne dauert 12 Jahre.

**JUPITER** (5,20 AE)

**SATURN** (9,57 AE)

Saturn wird von zahlreichen Monden und Ringen aus Eispartikeln umkreist. Sein Umlauf um die Sonne dauert 29,5 Jahre.

**URANUS** (19,16 AE)

Uranus hat die kälteste Oberfläche aller Planeten im Sonnensystem. Er umkreist die Sonne in 84 Jahren.

**NEPTUN** (30,18 AE)

Die blaue Farbe dieses Planeten stammt von Methan in seiner Atmosphäre. Seine Umlaufbahn um die Sonne dauert 165 Jahre.

**PLUTO** (39,48 AE)

Der ferne Pluto wurde 2006 von einem Planeten zu einem Zwergplaneten umklassifiziert. Ein einziger Umlauf um die Sonne dauert 248 Jahre.

**KUIPER-GÜRTEL** (30–50 AE)

Dies ist eine Region aus Gestein, Staub und Eis. Weit darüber hinaus, zwischen 2000 und etwa 200 000 AE, befindet sich eine Region aus eisigen Kleinkörpern, die Oortsche Wolke.

**Riesenplaneten**
Dazu gehören die Gasriesen Jupiter und Saturn sowie die Eisriesen Uranus und Neptun.

# FUSIONSKUGELN

Ein Stern ist eine riesige Kugel aus glühendem Gas, die durch die Schwerkraft zusammengehalten wird. Druck und Temperatur im Kern sind hoch genug, um die Kernfusion aufrechtzuerhalten (siehe S. 84), die enorme Energiemengen als Licht und andere elektromagnetische Strahlung (siehe S. 70–71) freisetzt. Sterne haben einen Lebenszyklus: Sie entstehen (siehe S. 152) und leben viele Millionen oder Milliarden Jahre lang, bevor sie sterben. Etwa 90 Prozent ihrer Lebenszeit fusionieren Sterne Wasserstoff zu Helium.

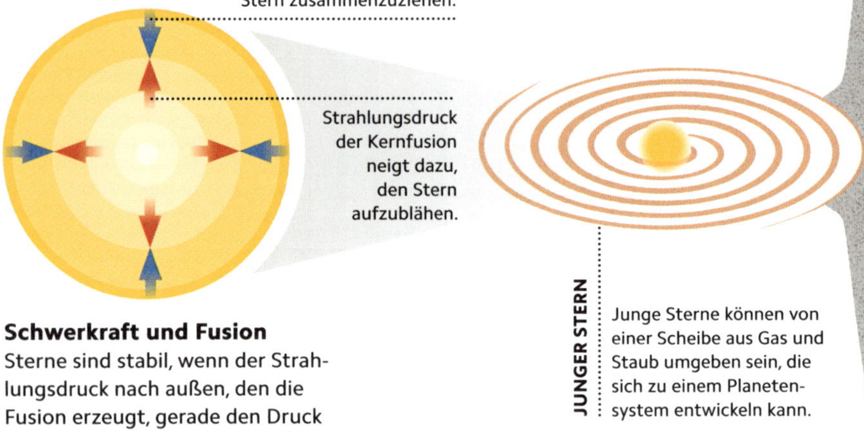


Junge Sterne können von einer Scheibe aus Gas und Staub umgeben sein, die sich zu einem Planetensystem entwickeln kann.

**Schwerkraft und Fusion**
Sterne sind stabil, wenn der Strahlungsdruck nach außen, den die Fusion erzeugt, gerade den Druck ausgleicht, den die Schwerkraft nach innen ausübt.

**Der größte bekannte Stern, WOH G64, hat einen Durchmesser von 1540 Sonnen.**

**Lebenslauf der Sterne**
In der Mitte ihres Lebens unterscheiden sich Sterne stark in Farbe, Temperatur und Masse, die von etwa dem 0,1-fachen der Sonnenmasse bis zum 200-fachen reichen kann. Die späteren Stadien eines Sterns und seine Gesamtlebensdauer hängen entscheidend von seiner Masse ab.

**Sterne mit großer Masse**
Diese Sterne haben mehr als acht Sonnenmassen. Sie sind sehr hell, leben aber nur einige Millionen Jahre lang.

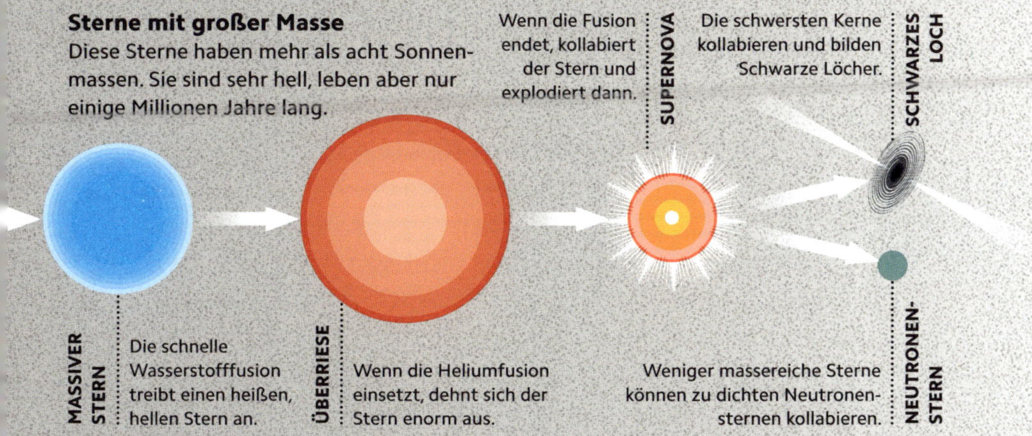


**Sterne mit mittlerer Masse**
Diese Sterne haben etwa die 0,8- bis 8-fache Masse der Sonne. Sie strahlen von einigen Millionen bis zu vielen Milliarden Jahren.

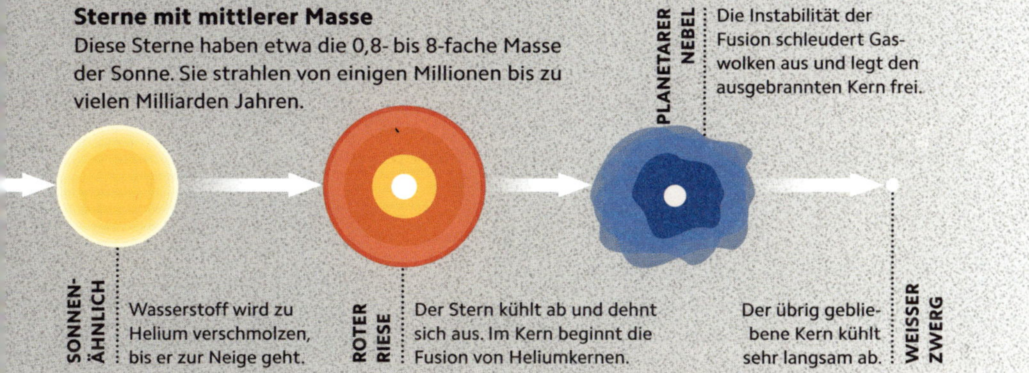


**Sterne mit geringer Masse**
Mit einer Masse von 8–80 Prozent der Sonne sind Rote Zwerge der zahlreichste Sterntyp in unserer Galaxie.

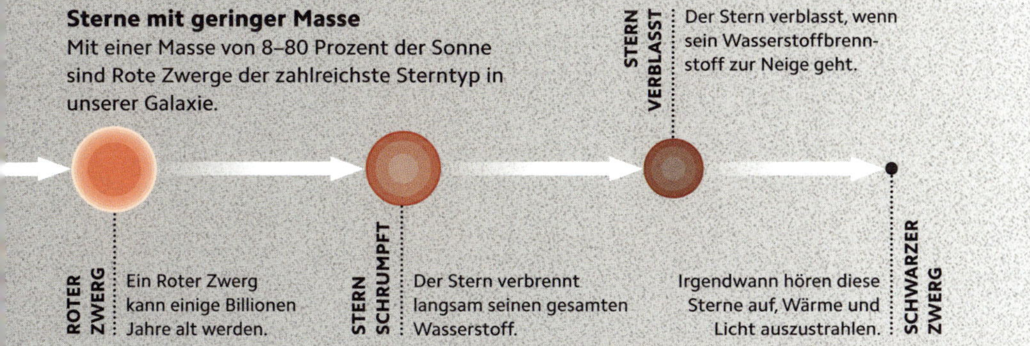

# EIN STERN WIRD GEBOREN

Sterne entstehen in riesigen Staub- und Gaswolken, Nebel genannt, die mehrere Millionen Mal so groß sein können wie unsere Sonne. Durch Turbulenzen häuft sich die Materie in einigen Bereichen dieser extrem kalten Wolken mehr an als in anderen. Die Gravitationskräfte ziehen dann die dichteren Bereiche zusammen zu einem Kern, in dem Temperatur und Druck ansteigen. Im Lauf von Zehntausenden von Jahren kontrahiert der Kern weiter und das gesamte System beginnt zu rotieren. Weiteres angezogenes Material sammelt sich in einer rotierenden Scheibe um den »Äquator« des entstehenden Sterns, der in diesem Stadium als Protostern bezeichnet wird, während an den Polen Gas ausgestoßen wird. Der Protostern sammelt immer mehr Material und wird schließlich so heiß und dicht, dass die Kernfusion einsetzt.

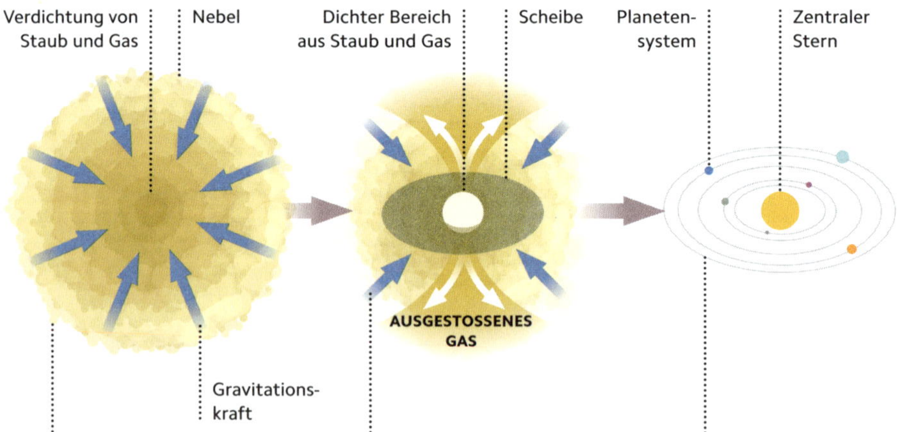


**KOLLAPS** Durch Turbulenzen in einem Nebel entstehen Verdichtungen in dem Staub und Gas. Ihre Masse zieht immer mehr Material an, das sich unter dem Gravitationsdruck zu erhitzen beginnt.

**PROTOSTERN** Gas und Staub bilden eine Scheibe um den rotierenden Protostern und führen ihm weitere Masse zu. Nach etwa 1 Mio. Jahren setzt die Kernfusion ein und der neue Stern beginnt zu leuchten.

**JUNGER STERN** Der Stern wird im Lauf der Jahrmillionen immer dichter. Übriges Material in der Scheibe kann sich zu einem Planetensystem entwickeln.

**Aufbau einer Galaxie**
Galaxien sind einige Hundert bis mehrere Hunderttausend Lichtjahre groß und haben verschiedene Formen. Die Milchstraße hat eine abgeflachte Spiralform mit 100 000 bis 120 000 Lichtjahren Durchmesser. Sie enthält bis zu 400 Mrd. Sterne.

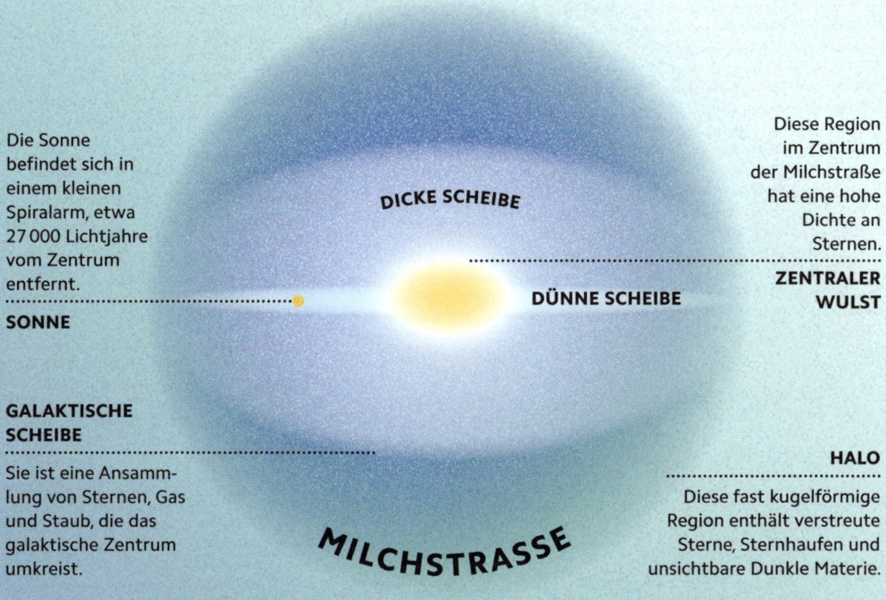


# AUFBAU DES UNIVERSUMS

Galaxien sind Ansammlungen von einigen Millionen bis mehreren Hundertmilliarden Sternen, die durch die gegenseitige Schwerkraft und die Schwerkraft der Dunklen Materie zusammengehalten werden. Sie sind oft in Galaxienhaufen gruppiert – so gehört die Milchstraße zur Lokalen Gruppe, einem losen Haufen von etwa 50 Galaxien. Dichtere Galaxienhaufen können Tausende eng gepackter Galaxien enthalten, umgeben von heißem Gas und viel Dunkler Materie. In der größten bekannten Organisationsform bilden Superhaufen, also Haufen von Haufen, Wände von Galaxien, die sich über viele Hundertmillionen Lichtjahre erstrecken, aber nur einige Zehnmillionen Lichtjahre dick sind.

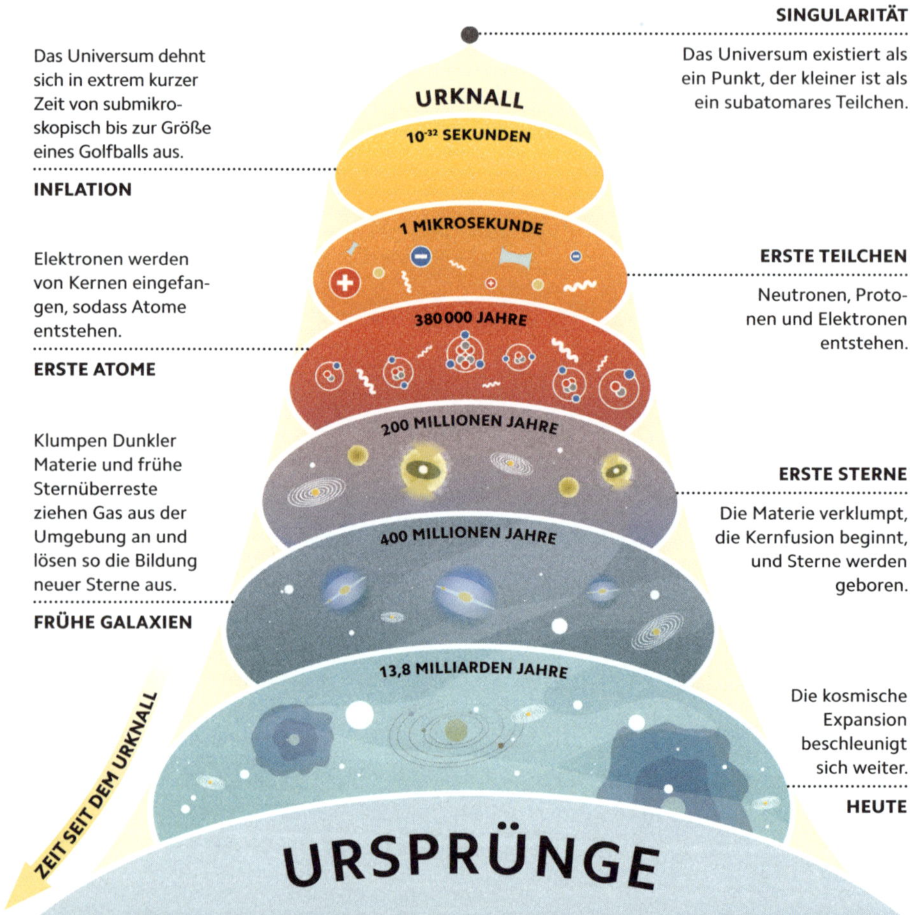


# URSPRÜNGE

Das Universum dehnt sich immer schneller aus, angetrieben von Dunkler Energie (siehe S. 147) – einer Kraft, die der Schwerkraft entgegenwirkt. Diese und weitere Beobachtungen stützen eine Theorie über den Ursprung des Weltalls: die Urknalltheorie. Demnach war das gesamte Universum vor etwa 13,8 Milliarden Jahren in einem heißen, dichten Zustand, kleiner als ein Atom, in dem Materie und Energie nicht unterscheidbar waren. Als sich der Raum ausdehnte, wurde die Materie durch rasche Abkühlung stabil, und die Teilchen konnten schließlich Atome bilden. Die sichtbare Materie verband sich zu den ersten Sternen und Galaxien.

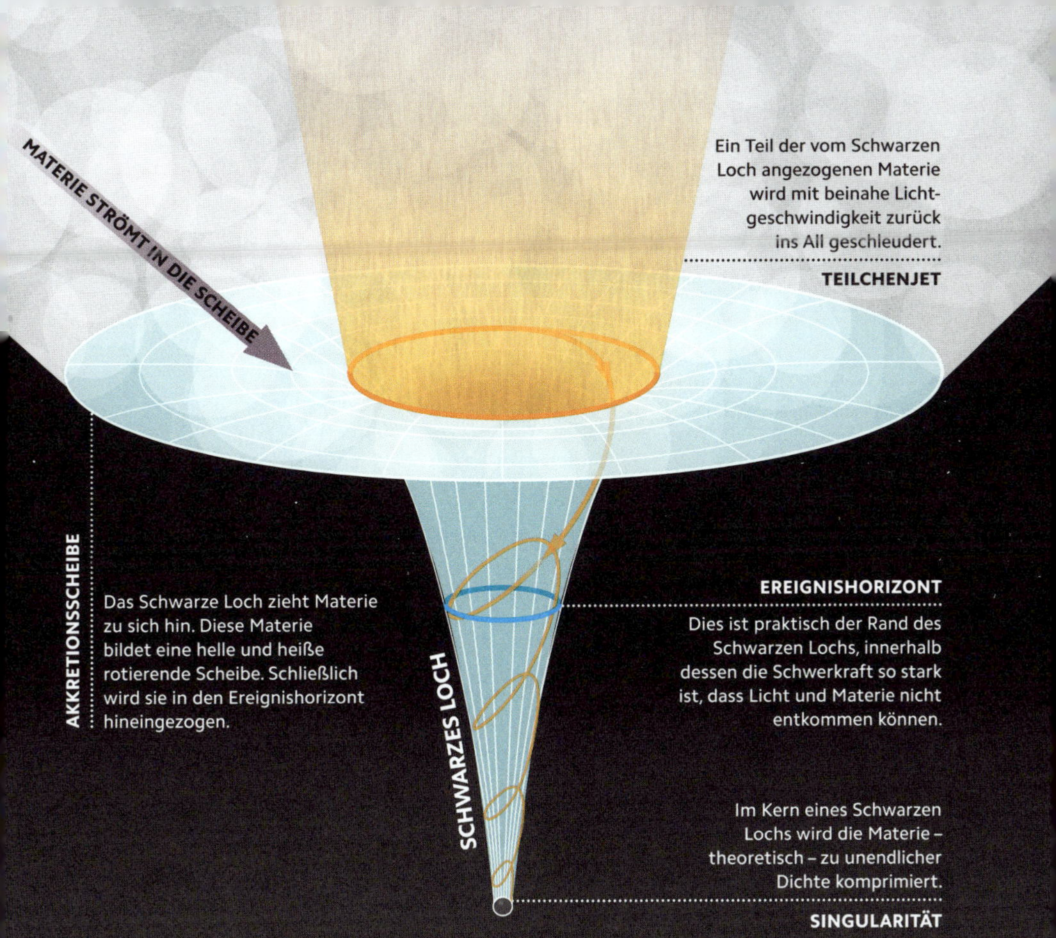


# ANZIEHUNGSPUNKTE

Ein Schwarzes Loch ist ein Objekt, das so dicht ist, dass in seiner Umgebung nichts, nicht einmal Licht, seiner Gravitation entkommt. Schwarze Löcher entstehen meist, wenn der Kern eines Riesensterns nach einer Supernova (Explosion, siehe S. 151) noch so viel Masse hat, dass er durch die Schwerkraft in einen winzigen Punkt, eine Singularität, kollabiert. Solche stellaren Schwarzen Löcher sind häufig, allein in der Milchstraße gibt es Tausende. Supermassive Schwarze Löcher sind seltener. Sie sind im Zentrum vieler Galaxien und entstanden mit den Galaxien selbst. Sie ziehen viel Gas, Staub und Sterne an und wachsen zu enormer Größe.

# REGISTER

Die **fett** gedruckten Seitenzahlen verweisen auf Haupteinträge.

## A



## B



## C



## D



## E

**DANK**
Der DK Verlag dankt Vanessa Bird für das Register, Sarah Binns für Beratung zur Themenliste, Senior DTP-Designer Harish Aggarwal und Senior-Umschlagkoordinatorin Priyanka Sharma Saddi.

**Cover: Shutterstock.com:** VikiVector



**ZITATNACHWEIS**
Wenn nicht anders angegeben, wurden die Zitate frei übersetzt.
**9** John Dalton, *Ein neues System des chemischen Theiles der Naturwissenschaft. 1,* übersetzt von Friedrich Wolff, Berlin: Hitzig 1812 **44** William Thomson Baron Kelvin, *Über die dynamische Theorie der Wärme: mit numerischen Ergebnissen aus Herrn Joules Äquivalent einer thermischen Einheit und Herrn Regnaults Messungen an Dampf,* übersetzt von Walter Block, Leipzig: W. Engelmann 1914, **50** Isaac Newton, *Sir Isaac Newton's Mathematische Principien der Naturlehre,* mit Bemerkungen und Erläuterungen herausgegeben von J. Ph. Wolfers, Berlin: Verlag von Robert Oppenheim 1872, S. 32 **76** Niels Bohr, zitiert nach: Ruth E. Moore, Niels Bohr: *The Man and the Scientist,* New York: Alfred A. Knopf 1966 **101** Jacques Monod, *Le hasard et la nécessité. Essai sur la philosophie naturelle de la biologie moderne,* Paris: Le Seuil 1970 **115** H. Robert Horvitz, *Worms, life and death,* Nobel Lecture, Dezember 2002, S. 343, zitiert nach www.nobelprize.org/uploads/2018/06/horvitz-lecture.pdf **119** Jean Giraudoux **147** Steven Weinberg, *Die ersten drei Minuten,* Epilog, München: Piper 1997

# Noch mehr Naturwissenschaft

ISBN 978-3-8310-4113-8

ISBN 978-3-8310-4633-1

ISBN 978-3-8310-4820-5

ISBN 978-3-8310-5229-5